AutoCAD 2019 de Zero to Hero

AutoCAD 2019 de Zero to Hero

Zico Pratama Putra
Ali Akbar

Kanzul Ilmi Press

2019

Première impression: 2019

ISBN-13: 9781094897134

Kanzul Ilmi Press
Woodside Ave.
Londres, Royaume-Uni

Librairies et grossistes: S'il vous plaît contacter Kanzul Ilmi email Presse

zico.pratama@gmail.com.

Remerciements de marque

Tous les termes mentionnés dans ce livre qui sont connus pour être des marques déposées ou des marques de service ont été capitalisés correctement. AutoCAD, Inc., ne peut pas attester de l'exactitude de ces informations. L'utilisation d'un terme dans ce livre ne doit pas être considéré comme ayant une incidence sur la validité d'une marque de commerce ou de service.

AutoCAD est une marque déposée d'Autodesk, Inc.

À moins d'indication contraire aux présentes, toutes les marques de tiers qui peuvent apparaître dans ce travail sont la propriété de leurs propriétaires respectifs et toutes les références à la marque tiers, logos ou autres habillages commerciaux sont à des fins démonstratives ou descriptives seulement

Informations de commande: Des remises spéciales sont disponibles sur les achats de quantité par les entreprises, les associations, les éducateurs et les autres. Pour plus de détails, contactez l'éditeur à l'adresse ci-dessus énumérés.

Contenu

CHAPTER 1 INTRODUCTION À AUTOCAD

Bienvenue dans le monde de l'AutoCAD. Ce tutoriel AutoCAD vous apprendra les bases de l'utilisation d'AutoCAD et de créer vos premiers objets. AutoCAD est un outil robuste pour la création d'objets 2D et 3D, comme des plans architecturaux et des constructions ou des projets d'ingénierie. Il peut également générer des fichiers pour l'impression 3D. Si vous voulez commencer ce tutoriel AutoCAD pour les débutants, vous devriez avoir environ une heure pour le faire.

1.1 Quoi de neuf dans AutoCAD 2019?

Autodesk vient d'annoncer la sortie d'AutoCAD 2019, et son introduction est de nombreux changements importants que vous devez savoir sur un abonné à AutoCAD. Eh bien, le nouveau AutoCAD 2019 - baptisé One AutoCAD - a été annoncé, et la réalité est que le plus grand changement au produit n'est pas le produit lui-même, mais la façon dont il est sous licence et prix.

Commençons par un regard essentiel à AutoCAD 2019. Les trois éléments clés de cette version sont l'application de bureau vous êtes probablement familier avec AutoCAD Web, et enfin ce que Autodesk appelle un AutoCAD. Bien que chacun de ces éléments apporte des changements positifs à AutoCAD, l'introduction d'un AutoCAD est probablement le plus percutant.

Un AutoCAD représente le changement le plus important de la façon dont les paquets Autodesk AutoCAD dans la mémoire récente. A partir d'aujourd'hui, AutoCAD et ses nombreuses saveurs verticales ne sont plus offerts sous forme d'abonnements individuels. Au lieu de cela, AutoCAD et des produits AutoCAD tels que AutoCAD Architecture et AutoCAD Map 3D sont combinés en un seul AutoCAD. Ce produit combiné inclut l'accès à AutoCAD ainsi que l'ensemble du portefeuille de AutoCAD qui sont verticales maintenant appelé toolsets.

Les ensembles d'outils inclus dans un AutoCAD sont:
- Architecture (anciennement connu sous le nom d'AutoCAD Architecture)
- Mécanique (précédemment connu sous le nom AutoCAD Mechanical)
- Électrique (anciennement connu sous le nom d'AutoCAD Electrical)
- Carte 3D (anciennement connu sous le nom d'AutoCAD Map 3D)
- MEP (anciennement connu sous le nom AutoCAD MEP)
- Raster Design (anciennement connu sous le nom d'AutoCAD Raster Design)
- 3D Plant (anciennement connu sous le nom AutoCAD Plant 3D).

Bien que tous les nouveaux abonnements à AutoCAD comprennent l'accès aux outils spécifiques décrites ci-dessus, les clients existants avec des abonnements admissibles peuvent opter pour un abonnement AutoCAD pour le reste de leur contrat. De plus, alors que les abonnés AutoCAD doivent opter-dans le nouveau AutoCAD, il sera inclus dans le cadre d'une prochaine mise à jour de l'architecture, l'ingénierie et la construction Collection de l'industrie.

Note sur Civil 3D: Même si AutoCAD Civil 3D est un produit basé sur AutoCAD, il est exclu de l'emballage Un AutoCAD, et sera renommé lors de sa prochaine version d'Autodesk Civil 3D.

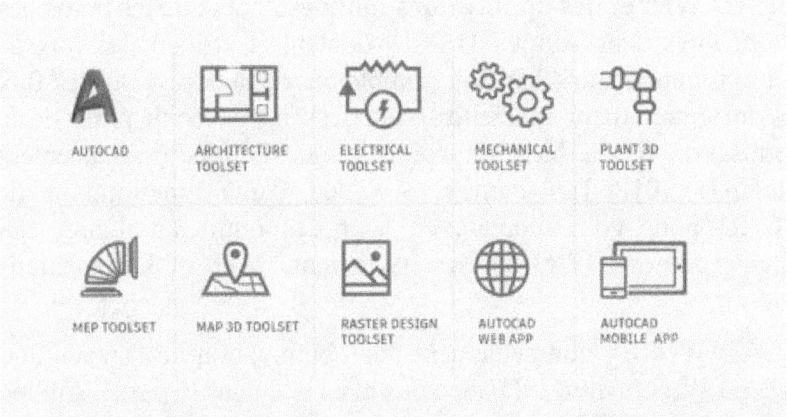

Pic 1.1 Un AutoCAD comprend une variété d'extensions verticales

Le dessin Comparer outil.C'est comme l'architecture AutoCAD comparer fonctionnalité, mais avec quelques capacités supplémentaires pour faire défiler les zones qui ont changé sur les dessins et xrefs. Ce n'est pas une nouvelle fonctionnalité tant en tant que port du DWG existant Comparer outil, avec une fonction de nuage de révision utile pour mettre en évidence les changements pour une confirmation visuelle ajoutée des zones modifiées.

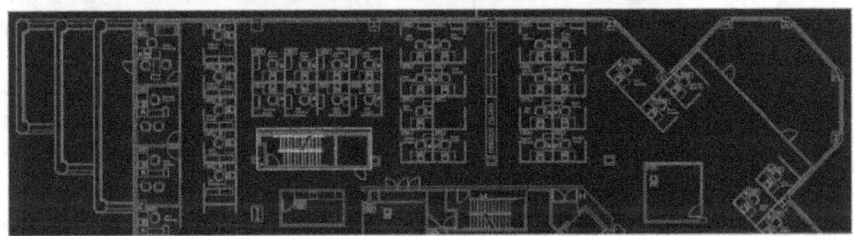

Pic 1.2 Les graphiques verts et rouges mettent en évidence les différences entre la première version du dessin (vert) et la deuxième version (rouge)

Améliorations apportées à partager les vues de conception. Ceux-ci sont destinés aux utilisateurs d'AutoCAD qui souhaitent partager des vues de dessins via une interface Web sans réellement envoyer des fichiers DWG ou PDF. Déclenché à partir d'AutoCAD, Vues partagées sont ensuite envoyés comme un lien à tout le monde, et peuvent être consultés et commentés par un navigateur Web sans logiciel d'application spéciale à installer. Tous les commentaires stockés dans la vue commune peuvent être ramenés dans l'application AutoCAD par l'auteur original.

AutoCAD Web et des applications mobiles. Alors que les nouvelles fonctionnalités dans AutoCAD 2019 dilatent et affinent les flux de travail existants, AutoCAD Web semble ouvrir la porte pour les flux de travail entièrement nouvelles. Autodesk a beaucoup parlé de la modernisation de la base de code AutoCAD lors du lancement d'AutoCAD 2018 l'an dernier. Au lieu d'une amélioration de AutoCAD pour votre bureau, ce sont des outils auxiliaires qui facilitent l'édition DWG sur les navigateurs Web et les appareils mobiles.

AutoCAD Web est non seulement une continuation de l'ancien 360 AutoCAD WS et AutoCAD que vous avez tâté dans le passé. Au lieu de cela, AutoCAD Web est une expérience de bureau de classe offert par un navigateur Web. Autodesk parvient en alimentant Web AutoCAD avec le même moteur que la version de bureau d'AutoCAD 2019. En raison des efforts de modernisation du code discuté l'année dernière, nous avons maintenant une version Web d'AutoCAD qui correspond à la puissance et la performance généralement réservée aux applications de bureau . Test de cette fonctionnalité pour moi-même, je suis vraiment impressionné par la capacité de rédiger un plan simple d'architecture à partir de zéro en utilisant AutoCAD Web. Ce qui m'a impressionné encore plus a été la performance de cette expérience facilement égalé la performance globale d'AutoCAD 2019.

Bien que je ne vois pas les utilisateurs à temps plein de la négociation AutoCAD dans leurs abonnements pour AutoCAD Web pour l'instant, je ne vois servir comme un complément incroyable à de nombreux flux de travail qui prennent les utilisateurs en dehors de leur bureau. De même, je vois AutoCAD Web comme une alternative possible pour les utilisateurs passifs d'AutoCAD. Les personnes qui ont besoin d'effectuer des modifications de base aux dessins, mais qui ne passent pas la majorité de leur journée à l'aide d'AutoCAD. Étant donné que AutoCAD Web n'est pas lié au cycle de sortie typique de la version de bureau, je suis très impatient de voir ce que Autodesk ajoute à l'expérience web tout au long de l'année à venir.

Pic 1.3 AutoCAD 2019 introduit des outils pour l'édition DWG sur les navigateurs Web et les appareils mobiles. Cette capture d'écran des fichiers AutoCAD manipuler dépeint dans le portail web.autocad.com

mises à jour des performances graphiques 2D. Les fonctions nécessitant habituellement redessiner ou regen telles que tirage au sort l'ordre, le zoom, le panoramique, les propriétés de la couche, ou l'affichage raster / superpositions PDF sont présentés au travail deux fois plus vite.

Vues partagées. Avec un simple clic, vous pouvez maintenant partager les vues de dessin avec qui que ce soit grâce à une nouvelle intégration avec le visualiseur d'Autodesk. Le Viewer Autodesk est un outil Web qui permet à quiconque de visualiser une vaste gamme de formats de fichiers Autodesk, y compris les fichiers DWG, sans installer quoi que ce soit. Vues partagées offrent une alternative aux flux de travail de collaboration ordinaires qui nécessitent des équipes de convertir leurs dessins au format PDF, les fichiers PDF par courriel aux parties prenantes, et enfin recueillir les commentaires de tout le monde dans un seul endroit afin qu'il puisse devenir une action.

Avec cette nouvelle fonctionnalité, les vues et les données sont extraites de votre dessin, stocké dans le nuage, et un lien partageable généré. Vous pouvez ensuite envoyer ce lien vers les parties prenantes qui seront en mesure de voir, l'examen, mesure, commentaire, et le balisage de la vue que vous avez partagé avec eux. Conçu comme un outil pour simplifier la collaboration au cours du processus de conception, des vues partagées expire automatiquement au bout de 30 jours, mais vous avez la possibilité d'étendre ou mettre fin à des liens chaque fois que nécessaire.

Mise à jour des icônes 4K conformes. Une actualisation des images d'icônes pour les éléments de ruban et le menu propose pour autosensing 4K utilisateurs du moniteur.

Ainsi, les nouvelles fonctionnalités dans AutoCAD 2019 sont en fait assez limitée, et plus Collaboration- et web centrée que centré sur la CAO. Alors que l'augmentation 2D de vitesse graphique sera accueilli par les utilisateurs avec de grands dessins, et les 4K icônes saluées par ceux qui ont le matériel pour les soutenir, le reste des changements ne seront appréciés par ceux qui collaborent via des méthodes web / mobile.

Bottom line: Si vous utilisez AutoCAD comme une application de bureau et n'utilisez pas de fonctionnalités collaboratives ou Web, vous ne remarquerez pas beaucoup de différence dans la nouvelle version.

1.2 Création d'un compte AutoDesk

AutoCAD est un logiciel de conception assistée par ordinateur développé par AutoDesk Inc. qui est une suite de conception de logiciels très complet et professionnel avec la capacité de générer des résultats sophistiqués. Vous devez créer un compte sur leur site Web pour utiliser les logiciels Autodesk.

Ce logiciel est assez cher, car il est destiné aux professionnels de la conception 3D. Si vous souhaitez entrer CAD en général, il y a aussi des alternatives gratuites, qui sont énumérés ici.

prénom	Niveau	OS	Prix	formats

prénom	Niveau	OS	Prix	formats
Photoshop CC	Débutant	Windows et Mac	142 € / an	3ds, DAE, KMZ, obj, dsp, stl, U3D
TinkerCAD	Débutant	Navigateur	Libre	123dx, 3ds, C4D, mb, obj, svg, stl
LibreCAD	Débutant	Windows, MacOS et Linux	Libre	dxf, dwg
Slash 3D	Débutant	Windows, Mac, Linux, Raspberry Pi ou navigateur	Gratuit, 24 € / an Prime	3dslash, obj, stl
SculptGL	Débutant	Navigateur	Libre	obj, nappe, SGL, stl
SelfCAD	Débutant	Navigateur	Essai gratuit de 30 jours, $ 9,99 / mois	stl, mtl, nappe, dae, svg
SketchUp	Intermédiaire	Windows et Mac	Gratuit, 657 € Pro	dwg, dxf, 3DS, dae, dem, def, ifc, KMZ, stl
FreeCAD	Intermédiaire	Windows, Mac et Linux	Libre	STEP, IGES, OBJ, stl, dxf, SVG, dae, ifc, fermé, nastran,

prénom	Niveau	OS	Prix	formats
				Fcstd
OpenSCAD	Intermédiaire	Windows, Mac et Linux	Libre	dxf, au large, stl
MakeHuman n	Intermédiaire	Windows, Mac, Linux	Libre	dae, FBX, OBJ, STL
Meshmixer	Intermédiaire	Windows, Mac et Linux	Libre	amf, mélange, obj, au large, stl
nanoCAD	Intermédiaire	les fenêtres	Freemium, 180 $ / année	sat, étape, igs, iges, SLDPRT, STL, 3dm, dae, DFX, dwg, dwt, pdf, x_t, X_B, xxm_txt, ssm_bin
DesignSpark	Intermédiaire	les fenêtres	Freemium, 835 $ (tous les addons)	CORDD, dxf, ecad, FR, Bid, emn, obj, SKP, STL, IGES, étape
Clara.io	Intermédiaire	Navigateur	Gratuit, fonctionnalites Premium de $ 100 / an	3DM, 3ds, cd, DAE, DGN, DWG, fem, FBX, gf, gdf, gts, igs, KMZ,

prénom	Niveau	OS	Prix	formats
				lwo, rws, obj, au large, plis, h, assis, scn, SKP, slc, SLDPRT, stp, stl, x3dv, xaml, VDA, VRML, x_t, x, xgl, zpr
Moment de l'inspiration (MOI)	Intermédiaire	Windows et Mac	266 €	3ds, 3DM, dxf, FBX, igs, lwo, obj, SKP, stl, stp et assis
AutoCAD	Professionnel	Windows et Mac	1400 € / an	dwg, dxf, pdf
Mixeur	Professionnel	Windows, Mac et Linux	Libre	3DS, dae, FBX, dxf, obj, x, lwo, SVG, nappe, stl, VRML, VRML97, x3d
Cinema 4D	Professionnel	Windows, MacOS	3695 $	3DS, dae, dem, dxf, dwg, x, fbx, iges, FLM, nervure, SKP, stl, WRL, OBJ
3ds Max	Professionnel	les fenêtres	3.241,70 € / an, les licences éducatives disponibles	stl, 3DS, ai, abc, ase, asm, CATProduct, CATPart, dem, dwg, dxf, DWF,

prénom	Niveau	OS	Prix	formats
				flt, iges, ipt, jt, nx, obj, prj, prt, RVT, satellite, SKP, SLDPRT, SLDASM, stp, VRML, w3d xml
ZBrush	Professionnel	Windows et Mac	400 € Licence éducation, 720 € Licence utilisateur unique	dxf, Goz, ma, obj, stl, VRML, X3D
Modo	Professionnels	Windows, Mac OS, Linux	$ 1799	lwo, abc, obj, pdb, 3dm, dae, FBX, dxf, x3d, geo, stl
Onshape	Professionnel	Windows, Mac, Linux, iOS, Android	2.400 € / an, libre et prix réduit version entreprise disponible	sat, étape, igs, iges, SLDPRT, stl, 3dm, dae, DFX, dwg, dwt, pdf, x_t, X_B, xxm_txt, ssm_bin
Poseur	Professionnels	Windows, Mac	Standard 129,99 $, 349,99 $ Pro	CR2, obj, pz2
Rhino3D	Professionnel	Windows et Mac	495 € pour l'éducation, 1695 €	3DM, 3ds, cd, DAE, DGN, DWG, fem,

prénom	Niveau	OS	Prix	formats
			Commercial	FBX, gf, gdf, gts, igs, KMZ, lwo, rws, obj, au large, plis, h, assis, scn, SKP, slc, SLDPRT, stp, stl, x3dv, xaml, VDA, VRML, x_t, x, xgl, zpr
Mudbox	Professionnel	Windows et Mac	85 € / an	FBX, boue, obj
Œuvres solides	Industriel	les fenêtres	9.950 €, Licences éducatives disponibles	3DXML, 3DM, 3ds, 3MF, amf, dwg, dxf, idf, ifc, obj, pdf, SLDPRT, stp, stl, VRML
Inventeur	Industriel	Windows et Mac	2.060 € / an	3DM, igs, IPT, nx, obj, PRT, RVT, SLDPRT, stl, stp, X_B, xgl
Fusion 360	Industriel	Windows et Mac	499.80 € / an, les licences éducatives disponibles	CATPart, dwg, dxf, F3D, igs, obj, pdf, satellite, SLDPRT, stp
CATIA	Industriel	les fenêtres	7.180 €; Licences	3DXML, CATPart, igs,

prénom	Niveau	OS	Prix	formats
			éducatives disponibles	pdf, stp, stl, VRML

Mais il y a de bonnes nouvelles: vous pouvez obtenir AutoCAD et tous les produits AutoDesk pour trois ans si vous êtes un étudiant. Pour activer votre licence d'étudiant, entrez votre adresse e-mail de l'éducation pour l'enregistrement. Si vous n'êtes pas assez chanceux pour recevoir un rabais étudiant, vous pouvez toujours activer un essai gratuit de 3 mois pour tous les produits Autodesk.

1.3 Installer le logiciel

Une fois que vous avez terminé le processus d'inscription, vous devez télécharger le programme d'installation d'AutoCAD. Exécutez le fichier téléchargé. Tout cela va télécharger et ouvrir l'assistant d'installation. Si nécessaire, vous pouvez modifier le répertoire d'installation, choisissez les composants à installer ou installer ou installer immédiatement AutoCAD. Ensuite, le téléchargement AutoCAD démarre.

Processus d'installation...

1. Double-cliquez sur le fichier d'installation, puis cliquez sur « Oui » pour terminer l'installation.

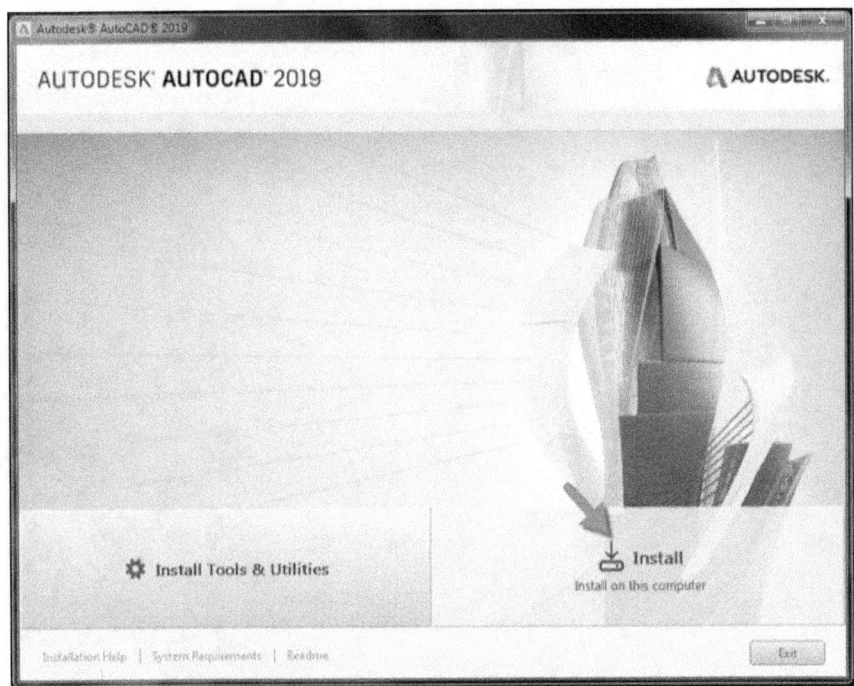

2. Effectuez les opérations suivantes et cliquez sur Installer:

- Sélectionnez les produits ou les composants à installer.

- Indiquez l'emplacement où les fichiers installés seront situés.

Ce processus peut prendre plusieurs minutes. Cliquez sur « Installer »

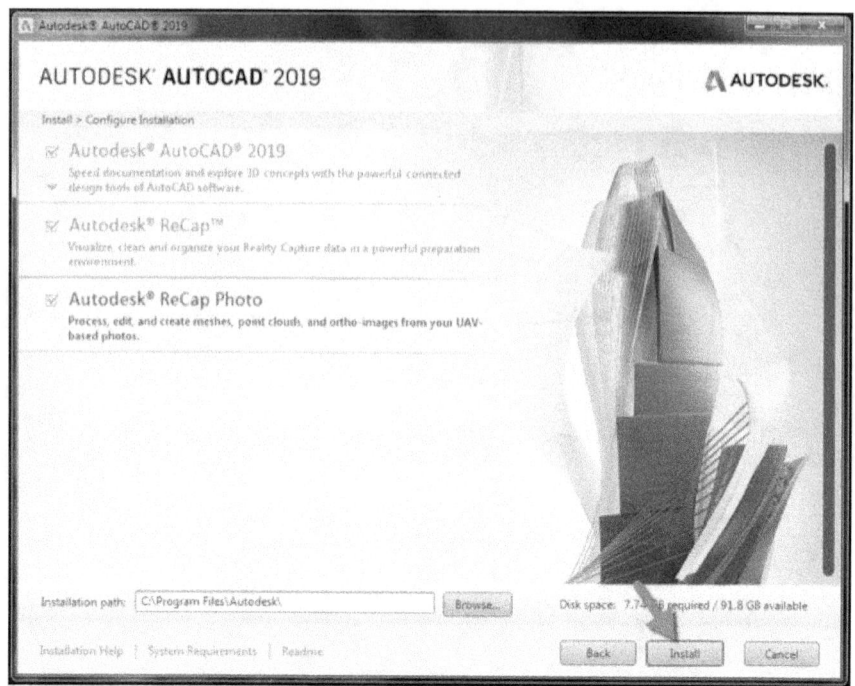

3. Lorsque l'installation est terminée, vous verrez une liste des composants logiciels installés. Cliquez sur Terminer pour fermer le programme d'installation.

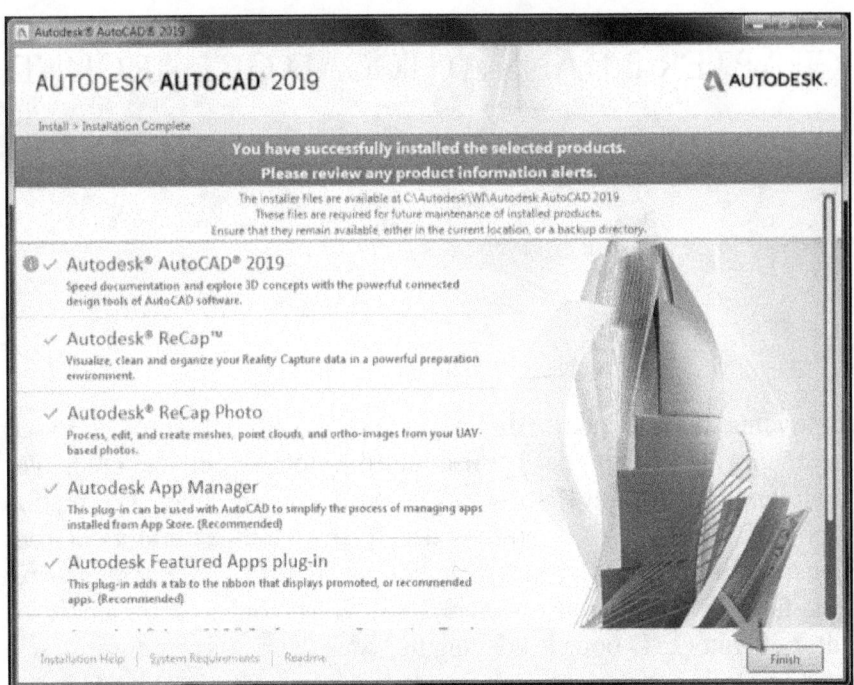

CHAPTER 2 DANS AUTOCAD GET AROUND

Bienvenue dans le monde de l'AutoCAD. Ce tutoriel AutoCAD vous apprendra les bases de l'utilisation d'AutoCAD et de créer vos premiers objets. AutoCAD est un outil robuste pour la création d'objets 2D et 3D, comme des plans architecturaux et des constructions ou des projets d'ingénierie. Il peut également générer des fichiers pour l'impression 3D. Si vous voulez commencer ce tutoriel AutoCAD pour les débutants, vous devriez avoir environ une heure pour le faire.

Dans ce premier chapitre, je vais vous présenter les commandes et les interfaces utilisateur d'AutoCAD. Mais d'abord, vous devez savoir pourquoi le logiciel de CAO est remplace maintenant le dessin au crayon traditionnel et maintenant vous ne devez pas utiliser ce grand, table à dessin pour dessiner un dessin avancé.

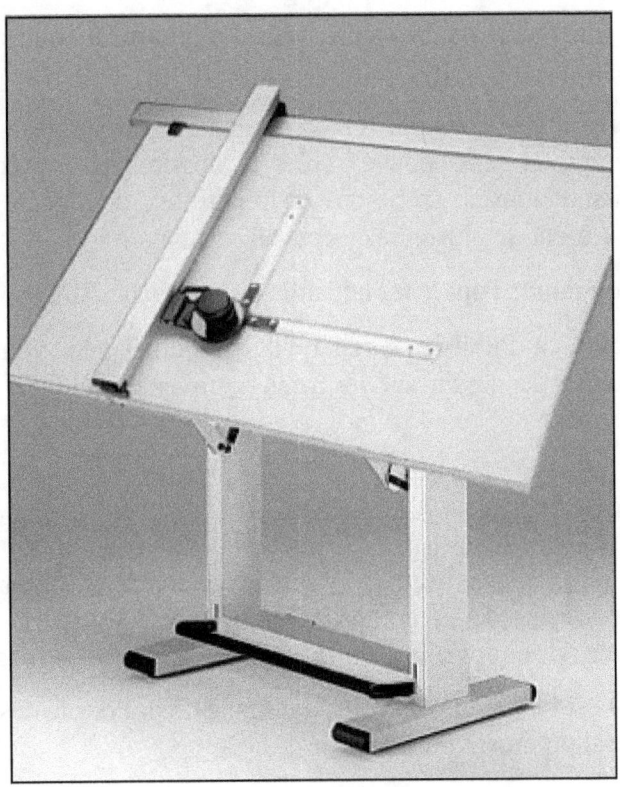

Pic 2.1 La plupart des drafter d'ingénierie actuelle ne dispose pas de cette table de rédaction « ancienne »

2.1   Pourquoi AutoCAD?

Ce sont des caractéristiques du logiciel de CAO qui font le dessin avec le logiciel est mieux:

- Précision: Vous pouvez tracer une ligne, l'arc, et d'autres formes avec precission incroyable. Précision dans AutoCAD est 14 point décimal.

- modifiable: Un dessin avancé créé une longue période peut être modifiée à nouveau il y a à dessiner un nouveau dessin. Alors que le vieux dessin au crayon / stylo ne peut pas être mis à jour et vous devez créer le nouveau dessin à partir de zéro.

- Clean: Vous ne devez pas posséder gomme à effacer tracer un dessin.

- Efficacité: Vous pouvez créer plusieurs dessin dans le même temps, et vous pouvez créer le dessin plus rapide. Surtout quand vous avez besoin de répétition, comme le dessinun bâtiment de plusieurs étages, ou carrelage.

- Populaire: Tout le monde utilise.

- Facile à Publish: Parce qu'il est numérique, vous pouvez donner le dessin sur les gens à travers le monde juste une seconde.

2.2   coordonnées XY

Tous les objets dans AutoCAD sont exactement positionnés. Pour cette raison, vous devez comprendre comment AutoCAD définit la position avec de simples coordonnées X, Y.

AutoCAD est le système de coordonnées (SCG). Pour le dessin 3D, il y a un axe supplémentaire Z.

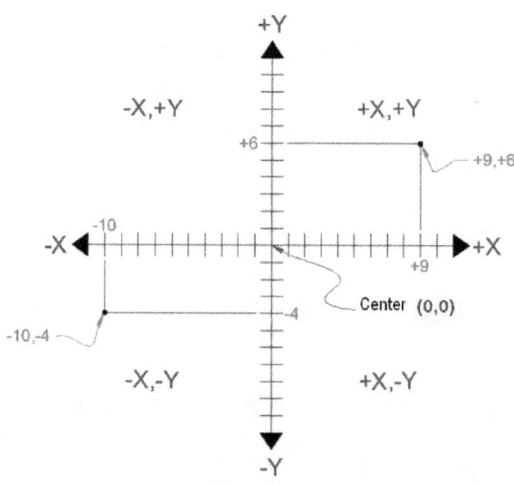

Pic 2.3a simple XY WCS utilisé dans AutoCAD Coordonnée

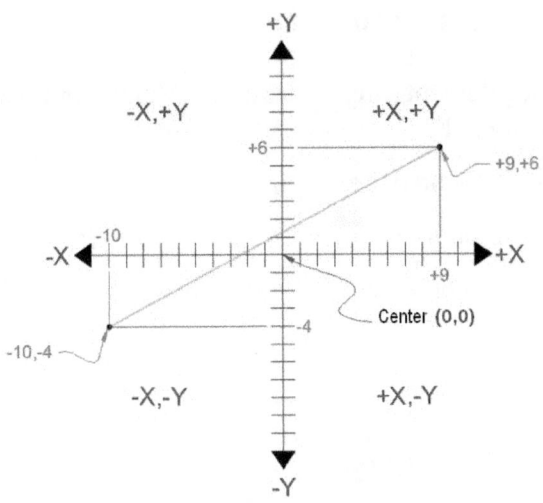

Pic 2.3b Une ligne de -10,4 à e 9, 6

Le AutoCAD a x, y indiquant le point où se trouve l'objet point. Il dispose également d'un point d'origine ou du centre (0.0) où toutes les positions d'objets utilisent ce point comme première référence.

Voir l'image ci-dessus pour voir le x AutoCAD, les coordonnées y et la manière de tracer une ligne entre deux coordonnées. Par exemple, la coordonnée xy représente 9,6 x = 9 et y = 6.

Coordonnées (-10, -4) signifie x = 10 unités négatif (côté gauche) et y = 4 unités négatif (en bas).

Dans certains cas, vous ne connaissez pas la position de départ exacte. Vous savez que vous voulez dessiner au prochain point par rapport à cette position. Vous pouvez utiliser les coordonnées relatives en ajoutant le @ (SHIFT + 2) icône pour dire AutoCAD que le point suivant est par rapport au dernier point ..

Voici quelques points importants sur X, Y coordonnées.

- Le point absolu est la position exacte d'un point, par rapport à 0,0.

- Le point relatif est par rapport au dernier point.

2.3   Angle dans AutoCAD

AutoCAD a également angle dessiner. Voici comment spécifier l'angle dans AutoCAD:

✓ Le positif X est le degré 0.

✓ horloge compteur est sage positif

✓ Contraire est négative.

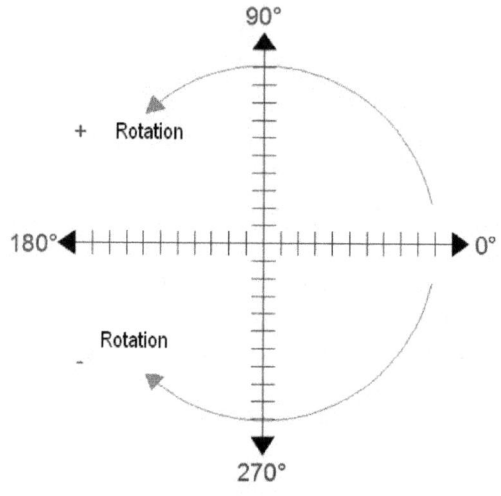

Pic 2.3 Mesure d'angle dans AutoCAD

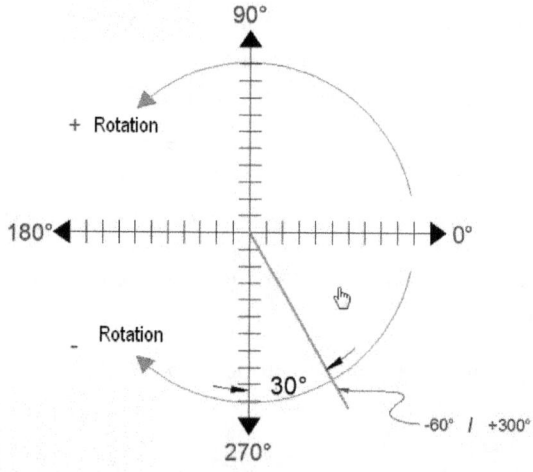

Par exemple 90 degrés = Y positif.

Vous pouvez mesurer l'angle en fonction de l'autre angle.

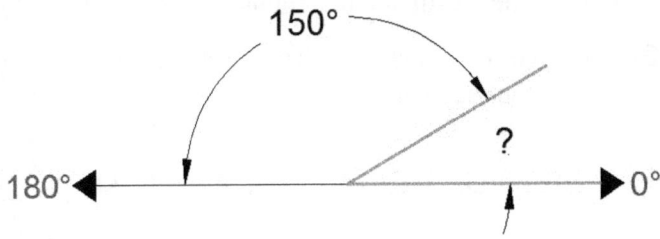

Pic 2,5 calculer un angle d'un autre angle

A partir d'exemples ci-dessus, quelques remarques importantes:

- 0 degrés sur heure = position 3.
- 180 degrés sur la position 9 heures =

2.4   Insertion point dans AutoCAD

Voici trois méthodes pour insérer le point dans AutoCAD:

- Coordonnée absolue: Il suffit d'insérer le point xy par rapport à le point central (0,0). Insérer la valeur de x d'abord, puis la valeur y.

- Coordonnée relative: Insérer en ajoutant le préfixe @ donc vous entrez @ X, Y. Cela mettra le point x, y des points par rapport à la dernière position.

- Polar Coordonnée: Insérez en utilisant le modèle @D <A. Quelle est la longueur D et A est l'angle: Par exemple @ 10 <90 seratracer une ligne de longueur = 10 unités et la direction de 90 degrés.

Remarques:

- Les trois méthodes sont les seules méthodes pour l'insertion de point AutoCAD, il n'y a pas d'autres méthodes pour dessiner AutoCAD. La valeur de X doit être insérée en premier, puis la valeur Y.

- Ne pas oublier le symbole « @ » lorsque vous insérez la valeur relative. Toutes les erreurs en entrée insertion généreront des résultats inattendus.

- Si vous voulez faire la vérification, cliquez sur F2, puis cliquez à nouveau sur F2

2.5   Les interfaces utilisateur d'AutoCAD

Dans la deuxième étape de ce tutoriel AutoCAD, vous apprendrez comment interagir avec l'espace de travail. Lorsque vous exécutez le programme AutoCAD pour la première fois, vous pouvez voir la fenêtre d'AutoCAD comme l'image ci-dessous:

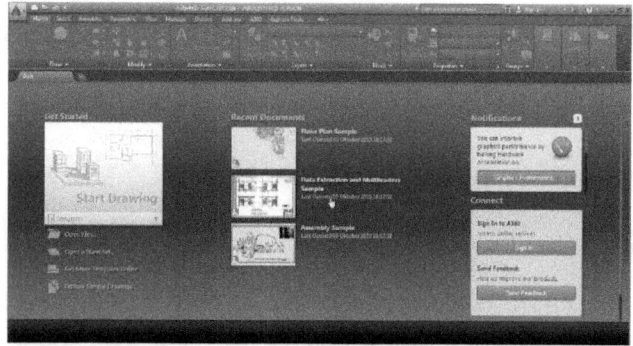

Pic 2.6 Démarrer fenêtre

Pour dessiner un nouveau fichier, cliquez sur Démarrer dessin, l'interface utilisateur d'un AutoCAD pour le dessin sera affiché.

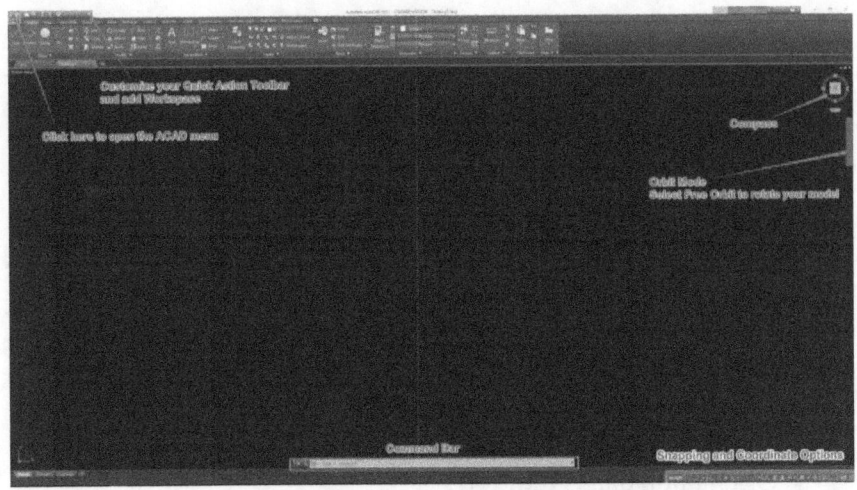

Interface Pic 2.7 Dessin

Lors de l'ouverture du logiciel pour ce tutoriel AutoCAD, cliquez sur « Démarrer Dessin » pour ouvrir un nouveau fichier ou d'un projet. En faisant cela, vous avez ouvert le « DrawSpace. »

Tout d'abord, vous devez personnaliser votre « espace de travail » Barre d'outils d'action rapide et ajouter en cliquant dessus. Modifier maintenant la nouvelle barre d'outils « dessin et d'annotation » à « Modélisation 3D ». Cela permettra l'utilisation de tous les outils d'esquisse et 3D dont vous avez besoin pour concevoir votre premier croquis et objets 3D.

2.5.1 Unités de changement dans AutoCAD

Si vous voulez changer les unités du système métrique que vous êtes habitué, cliquez sur le grand rouge A dans le coin supérieur gauche. Cela ouvrira le menu AutoCAD. Sélectionnez « Utilitaires de dessin »> « Unités ». Changer l'échelle d'insertion à Millimètres.

2.5.2 Explication de l'espace de travail

- La barre de commande

23

La barre de commande se trouve au bas de la DrawSpace (voir la figure ci-dessus). Vous pouvez entrer les commandes soit simplement en les tapant dans la barre de commande. Il vous montre les options que vous contextuellement avez reçu pour la commande donnée. lettres mises en évidence sont des abréviations pour ces options.

En entrant dans la lettre correspondante et en appuyant sur « Entrée », l'option désirée est activée directement. Il énumère également l'ordre des étapes que vous devez effectuer pour exécuter la commande correctement et des conseils d'affichage.

- Orientation dans AutoCAD

Dans le coin supérieur droit de DrawSpace vous verrez une boussole. Il est réglé sur « vue de dessus » par défaut. Déplacez le pointeur de la souris dessus et vous verrez un petit symbole de la maison. Cliquez dessus pour arriver à la vue isométrique. Maintenant, vous verrez un système de coordonnées 3D cartésien avec trois axes au milieu de votre DrawSpace. L'axe des x est rouge, le vert axe y et le bleu de l'axe z.

La boussole a été prolongée par un cube. Vous pouvez cliquer sur les faces, les arêtes et les coins du cube pour ouvrir la vue souhaitée. Pour déplacer le DrawSpace, cliquez sur l'icône de la main ou à se déplacer avec la molette de la souris enfoncé. Si vous voulez en orbite votre DrawSpace, cliquez sur Orbit sur la barre d'outils droite. Cliquez et maintenez le DrawSpace à tourner autour du centre du système de coordonnées en déplaçant la souris. Vous pouvez aussi le faire en maintenant la touche Maj enfoncée et la molette de la souris. Si vous voulez en orbite un point spécifique, sélectionnez « Orbit Free » en cliquant sur la flèche d'extension.

Pour déplacer le DrawSpace, cliquez sur l'icône « main » ou se déplacer avec la molette de la souris enfoncé. Avec le zoom Prolonge option, vous pouvez répondre à tous vos objets créés et des croquis dans votre champ de vision.

Au moment où vous avez rien à tourner autour, donc l'espoir pour la prochaine étape de ce tutoriel AutoCAD pour commencer à dessiner!

2.5.2 Ruban

Lorsque vous à la page de dessin, boutons du ruban seront activés. L'interface de ruban est similaire avec l'interface MS Office et vous serez familier et rend le processus de tirage facile.

Dans l'onglet HOME, vous verrez les boutons dessiner et de modifier le dessin.

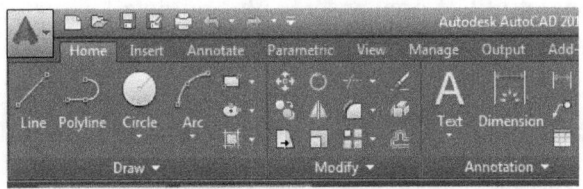

Pic 2.8 Dessiner et Modifier

Toujours dans l'onglet Accueil, il y a Annotation et couches, la boîte Annotation utilisée pour donner l'annotation à votre dessin, par exemple: texte, dimension, etc. La zone Couches est d'insérer des couches à votre dessin. L'utilisateur peut ajouter une couche à superposer le dessin.

Pic 2.9 boîtes d'annotation et des couches

Il y a bloc, Propriétés et boîtes Groupes. Bloc contient des boutons pour bloquer plus d'un objet pour devenir un seul objet. Les propriétés de la zone utilisée pour gérer les propriétés d'un objet. Groupes à un groupe ou des objets Dissocier.

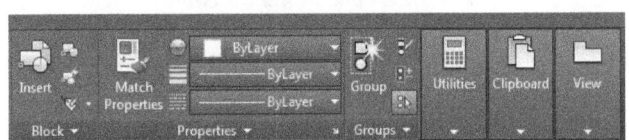

Pic 2.20 Bloc, Propriétés et groupes

Insérer boîte permet d'insérer de nombreux types d'objets, de bloc, Définition, Référence, Nuage de points et d'importation.

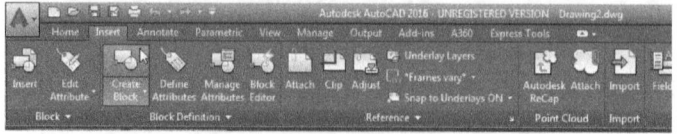

Pic 2,21 onglet Insertion

Annoter onglet utilisé pour insérer plus en détail anotate, des textes, des dimensions, des dirigeants, etc.

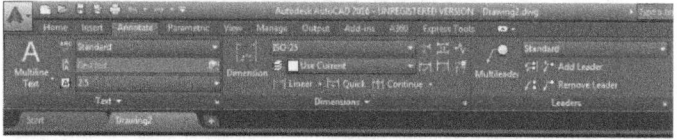

Pic 2,22 Tab Annoter

L'onglet paramétrique a des boutons utilisés pour la gestion de dessin géométrique et dimensions.

Pic 2,23 onglet Parametric

Voir onglet permet de modifier l'interface utilisateur d'AutoCAD. Vous pouvez gérer la fenêtre d'affichage, palettes et Interface.

Pic 2,24 Voir onglet du ruban

Géreronglet, utilisé pour créer macro utilisé pour enregistrer votre action. Vous pouvez faire le codage en macro.

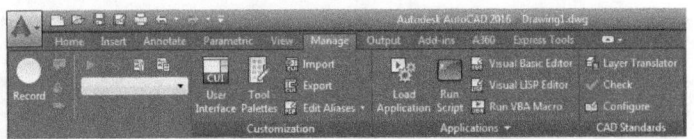

Pic 2.25 onglet Gérer

Sortie onglet utilisé pour l'exportation et l'impression de votre dessin sur du papier ou d'autres formes.

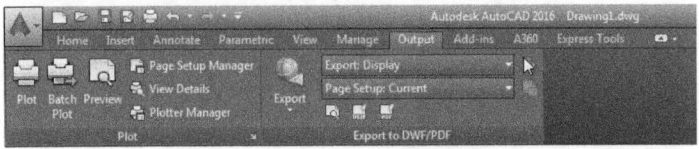

Pic 2,26 Tab sortie

Dans l'onglet adjonctions, vous pouvez gérer les applications supplémentaires.

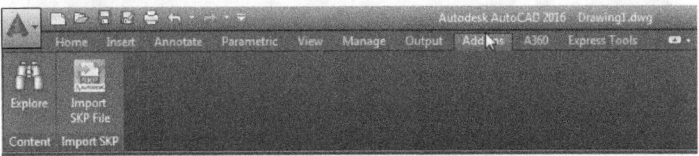

Pic 2,27 Ajouter sur demande

onglet A360 se compose de boutons qui vous permettent d'utiliser les fonctionnalités d'AutoCAD en ligne.

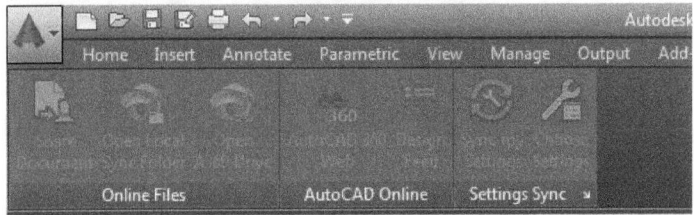

Pic 2,28 fonction d'économie Nuage

onglet Outils Express peut être utilisé pour gérer des blocs, des textes, des objets et modifier la mise en page.

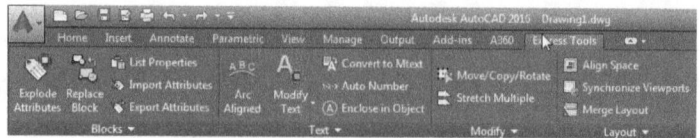

Pic 2,29 Tab Express Tools

Ruban dans AutoCAD peut être réduite au minimum, il suffit de cliquer sur l'onglet 2x ruban.

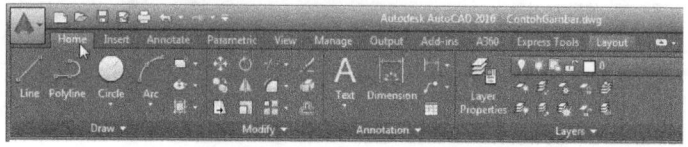

Pic 2,30 Double-cliquez sur l'onglet ruban

Le ruban sera réduit au minimum.

Pic 2.31 Boutons en ruban minimisés

Si vous cliquez deux fois de plus, les boutons sont cachés, et le ruban affiche uniquement les textes.

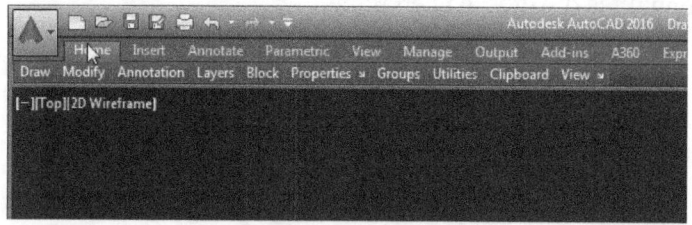

Les boutons de Pic 2,32 ruban caché

2.5.2 menus

Menus principaux peut être ouvert en cliquant sur un bouton situé sur la partie supérieure gauche de la fenêtre AutoCAD:

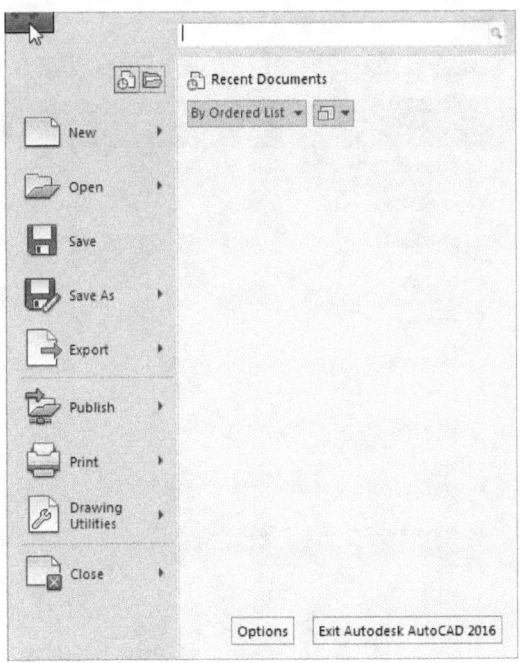

Pic 2.33 Menu principal d'AutoCAD

Dans la boîte de menu ci-dessus, vous pouvez voir arc Sethe commande qui permet de trouver textbox commandes plus facile. Entrez simplement le nom de la commande, et AutoCAD saisie semi-automatique pour vous.

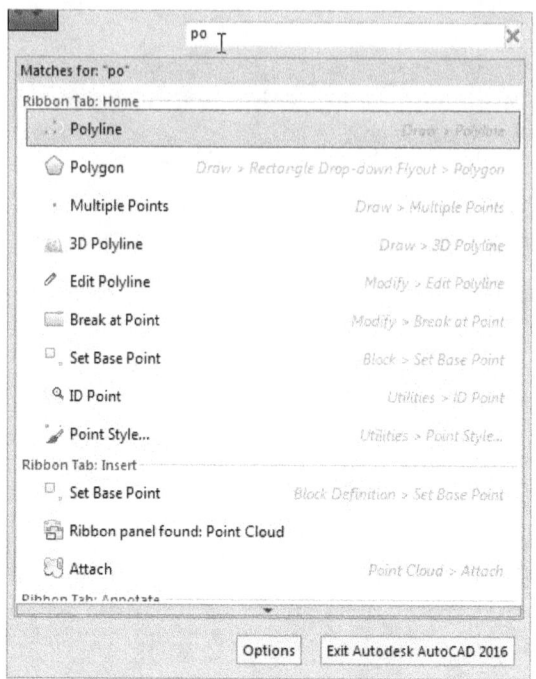

Pic 2,34 Insertion nom de la commande dans AutoCAD

Ce menu est accessible de toutes les parties de l'espace de travail. Menus dans le menu principal sont les suivants:

1. Nouveau: Pour dessiner un nouveau dessin, à partir du modèle, ou créer jeu de feuilles qui gère mises en page de dessin, les chemins et les données du projet.

Pic 2,35 menu Nouveau

2. Ouvrir: Pour ouvrir le dessin existant.

Pic 2,36 Menu Ouvrir

3. Enregistrer: Enregistrer les modifications de dessin existants, si le dessin n'a pas enregistré avant, il enregistre dans un nouveau fichier.

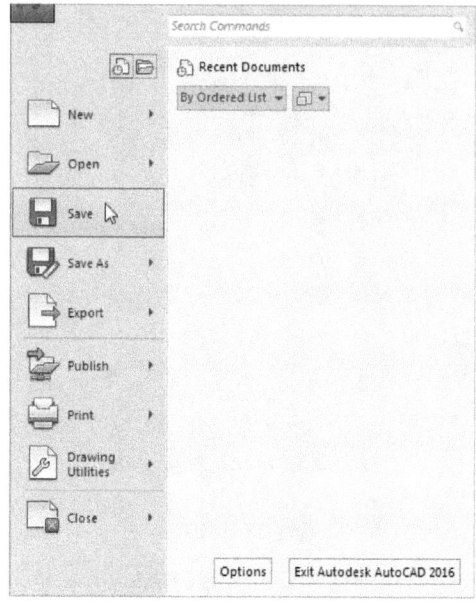

Pic 2,37 menu Enregistrer

4. Enregistrer sous: Enregistrer dessin existant dans un nouveau fichier.

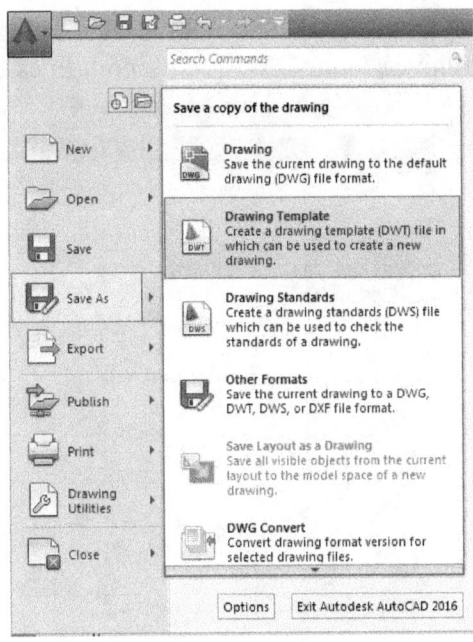

Pic 2,38 Menu Enregistrer sous

5. Export: Enregistrer le dessin à un autre format de fichiers, tels que Design Web Format (DWF), PDF et autres fichiers CAO.

Pic 2,39 Menu Export

6. Publier: Envoyer modèle 3D pr 3Dle service Inting ou créer le jeu de feuilles archivée (AutoCAD LT ne prend pas en charge 3D.), etc.

Pic 2,30 menu Publier

7. Imprimer: Impression dessin unique, ou par lots de terrain. Vous pouvez également configurer la page et des styles de tracé.

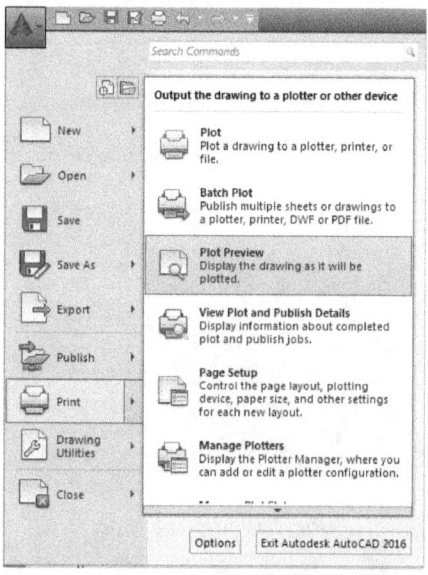

8. Dessin Utilitaires: Définition des propriétés de fichiers, ou de l'unité de dessin, en faisant la purge sur des blocs inutilisés, faisant la vérification ou la récupération de dessin endommagé.

Pic 2.32 Dessin Utilitaires

9. Fermer: Fermeture de dessin existant, si le dessin déjà modifié et n'a pas été enregistré, cela va générer Enregistrer boîte de confirmation.

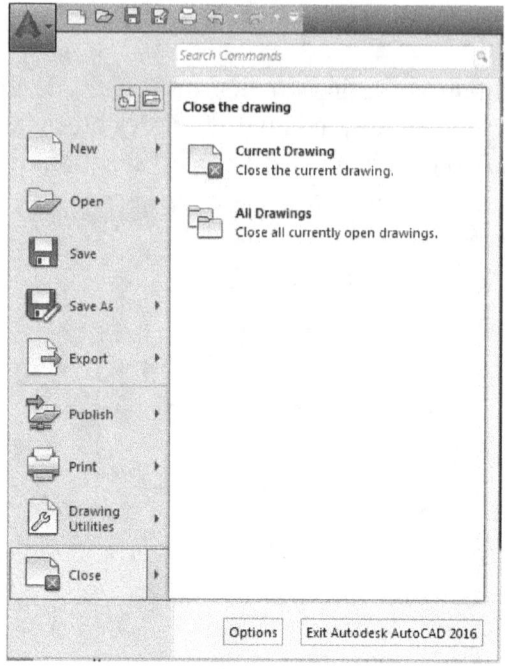

Pic 2,33 Fermer le menu

2.6 Dessin ouvert

Vous pouvez ouvrir le fichier dessin pour afficher sur votre AutoCAD en utilisant étapes ci-dessous:

2. Cliquer sur icône AutoCAD pour afficher AutoCAD:

2. Cliquez sur Ouvrir> Menu Dessin.

Pic 2,34 Cliquez sur Ouvrir> Dessin

3. **Choisir le dossier**fenêtre apparaît, choisissez le fichier que vous souhaitez ouvrir, cliquez sur Ouvrir.

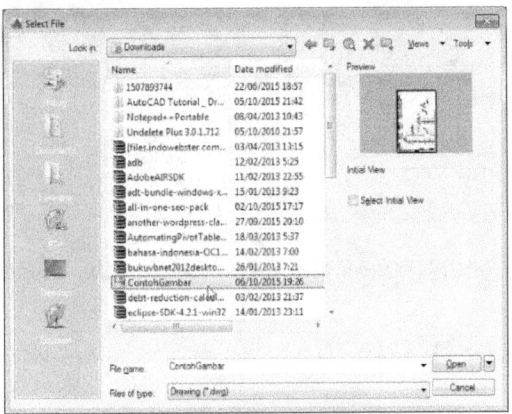

Pic 2,35 Choisir le fichier à ouvrir

4. Le dessin sera ouvert.

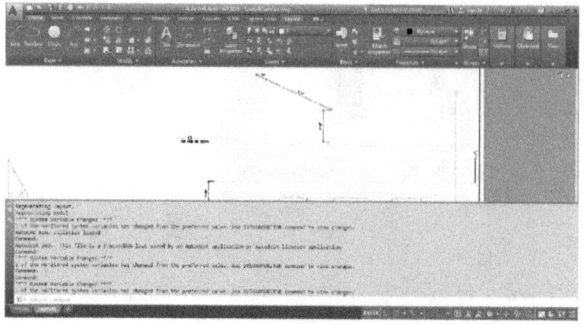

2,36 Dessin ouvert dans AutoCAD

5. AutoCAD peut afficher plus d'un dessin. Chaque dessin sera ouvert les fenêtres MDI (multiple d'interface de documents).

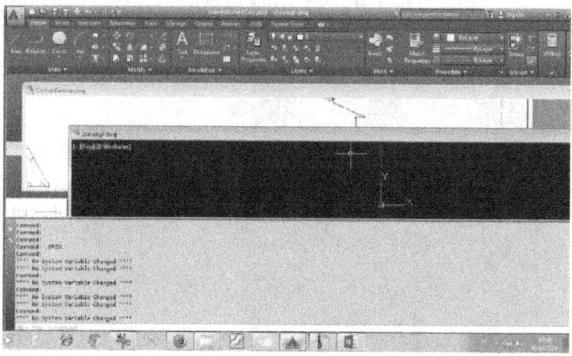

Pic 2,37 AutoCAD peut ouvrir plus d'un projet

2.7   Fermer Dessin

Un dessin qui n'a pas besoin d'être modifié plus, fermez-le en suivant les étapes ci-dessous:

1. Cliquez sur icône AutoCAD pour ouvrir le menu principal.

2. Cliquez sur **Fermer> Dessin actuel** menu pour fermer le dessin actif.

3. ou cliquez sur **Fermer> Dessin Tous** de fermer tous dessin.

Pic 2,38 Menu Fermer pour fermer le dessin

4. Si votre modification n'a pas encore enregistré, une fenêtre de confirmation apparaîtra et vous demander si vous souhaitez enregistrer ou non. Cliquez sur Oui pour sauvegarder et Non si vous ne voulez pas enregistrer la modification.

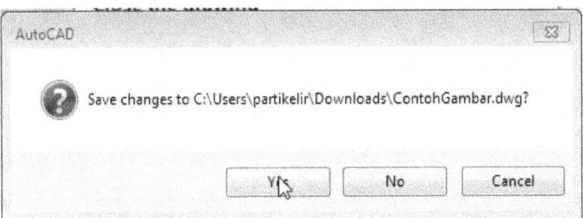

Pic 2,39 fenêtre de confirmation

2.8   Exporter en PDF

PDF (Portable Document Format) est le format le plus répandu utilisé dans le monde du design. AutoCAD peut exporter dessine directement au pdf sans logiciel tiers ou complément.

Regardez ci-dessous pour exporter les étapes de votre dessin au format PDF:

1. Cliquer sur icône AutoCAD.

2. Cliquez sur Exporter> menu PDF.

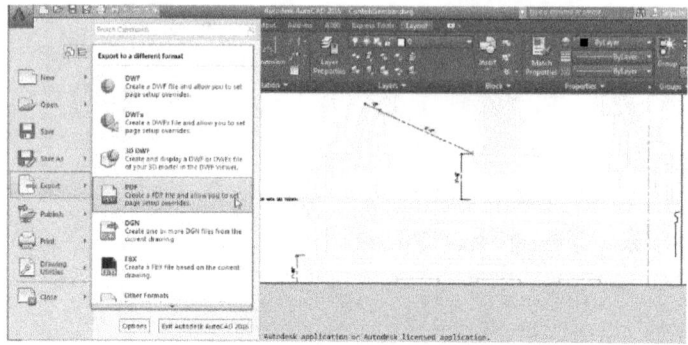

Pic 2,40 Menu Exporter> PDF

3. **Enregistrer sous PDF**fenêtre apparaît, choisissez un nom de fichier pour le nouveau fichier pdf en zone de texte Nom du fichier. Et cliquez sur Enregistrer.

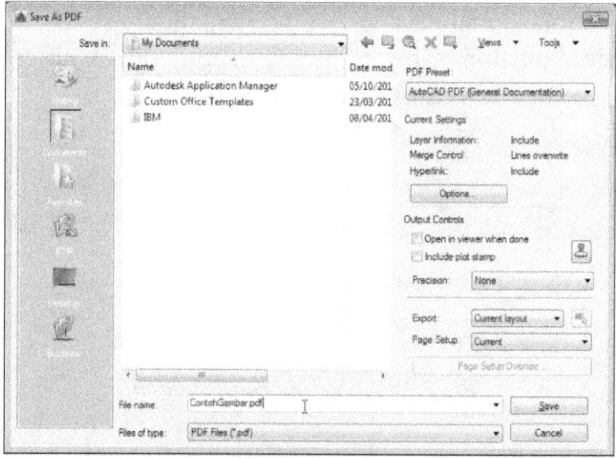

Pic 2,41 Insérer le nom du fichier pour le fichier pdf

4. Le fichier sera inséré au format PDF.

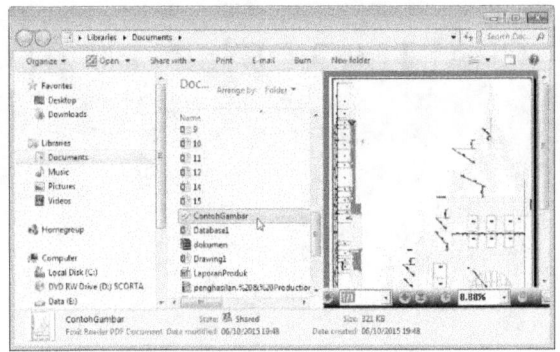

Pic 2,42 fichier PDF déjà créé

CHAPTER 3 DESSIN EN 2D

Ce chapitre explique les commandes importantes que vous pouvez utiliser pour dessiner 2 dimensions dessins dans AutoCAD. Dessin en 2D est la base du dessin AutoCAD.

3.1 Mettre en place serpentine

Lorsque vous esquissez avec AutoCAD, vous pouvez utiliser son option Accrochage. Pour activer la grille Snap, appuyez simplement F9 sur votre clavier ou cliquez sur activez l'option « Aligner sur la grille de dessin » dans le coin en bas à droite. En ouvrant des paramètres d'accrochage, vous pouvez ajuster la grille de dessin ainsi que la précision de la grille magnétique.

En appuyant sur F3 ou en cliquant sur l'objet Snap, vous pouvez activer écrêtage aux coins, des lignes, des points, et bien d'autres points centraux. Modifier l'objet claquant à vos objectifs de dessin en cours. Si vous avez des problèmes avec la saisie des coordonnées ou esquissant, essayez de ou désactiver l'accrochage et essayer de ne pas utiliser la grille et Accrochage aux objets simultanément. Cet outil est utile pour dessiner des croquis rapides et pour éviter des trous dans votre croquis.

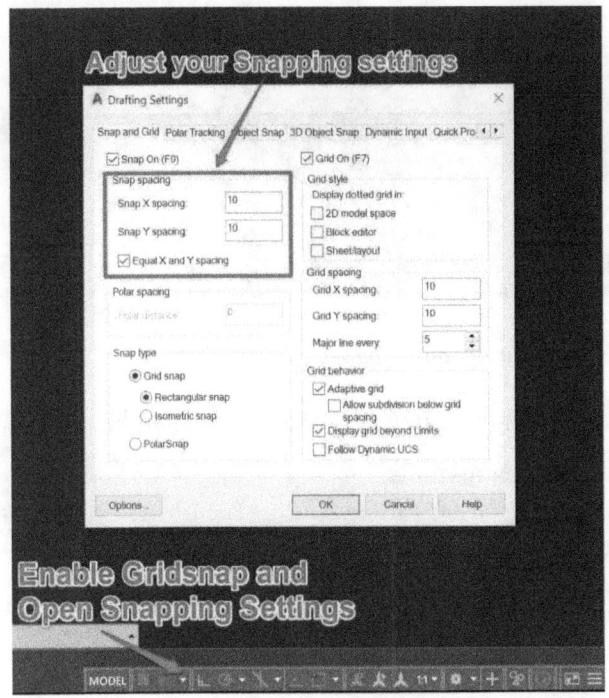

Pic 3.1 Mise en place serpentine

3.2   Créer Dessin 2D

Il y a beaucoup de types de dessin 2D que vous devez comprendre. De Ligne à beignet. Je vais vous montrer comment dessiner 2d utiliser ces types de dessin.

3.2.1 Dessiner une ligne

Line est le type de base du dessin. Il est une ligne droite qui relie deux points. Vous pouvez tracer une ligne en suivant les étapes ci-dessous:

1. Cliquez sur **Ligne** bouton Accueil> Match nul ruban.

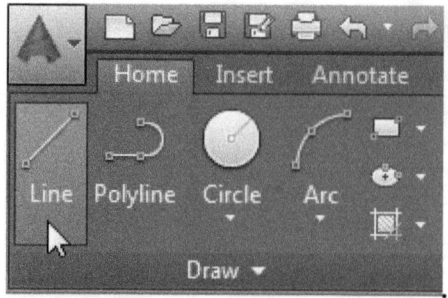

Pic 3.2 Cliquez sur le bouton ligne Accueil> Draw

2. Ou vous pouvez taper « ligne » dans l'invite de commande.

3. Invite de commandes apparaissents:

```
LINE du point:
```

4. Vous pouvez insérer avec coordonnées absolues ou cliquez sur le dessin.

```
Invite: Au point:
```

5. Insérer le second emplacement de point.

6. Avant de créer LINE, limite votre espace de travail en insérant commande LIMITES.

```
Commande: LIMITES
Réinitialiser les limites d'espace Modèle:
```

7. Définissez la limite inférieure gauche à 0,0.

```
Spécifiez le coin inférieur gauche ou [ON / OFF] <0.0000,0.0000>:
0,0
```

8. Indiquez ensuite la limite supérieure droit à 100100. Cela rendra plus facile la création de l'image, car la toile pour ce tutoriel est de 0,0 à 100100.

```
Spécifiez le coin supérieur droit <420.0000,297.0000>: 100100
```

9. ensuite, tapez la ligne pour commencer à créer la ligne, spécifiez le premier point à 10,10.

```
Ligne de commande
Spécifiez le premier: 10,10
```

dix. Lorsque vous déplacez le pointeur, vous verrez que le premier point de la ligne collée à 10,10, et vous pouvez toujours déplacer le pointeur de la souris.

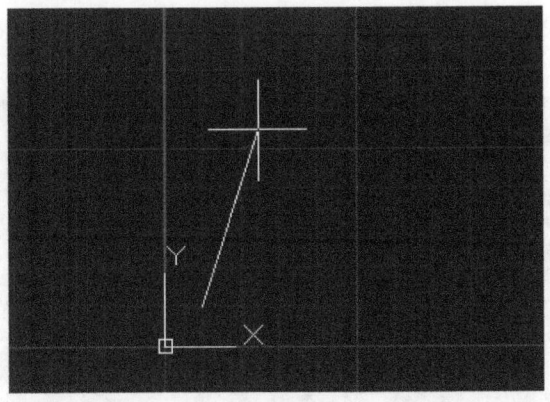

Pic 3.3a Le premier point de la ligne collée à 10,10

11. Vous pouvez modifier le droit du pointeur ou à gauche.

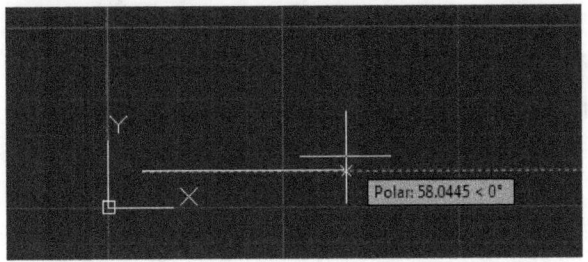

Pic 3.3b souris pointeur peut encore être déplacé

12. Pour le point suivant, choisissez 50,50. Vous pouvez voir la ligne collée à 50,50.

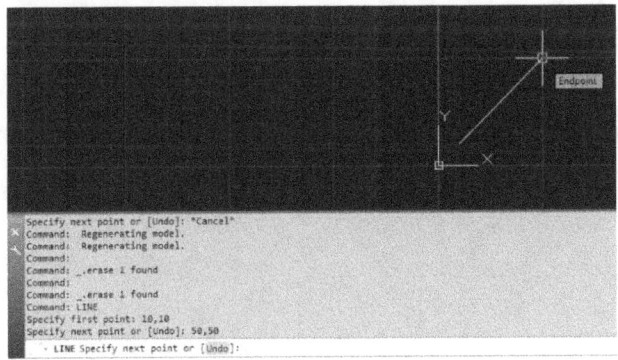

Pic 3.4 Ligne connectée de 10,10 à 50,50

13. Cliquez sur Entrée, une ligne sera créé, et le pointeur libéré de la ligne.

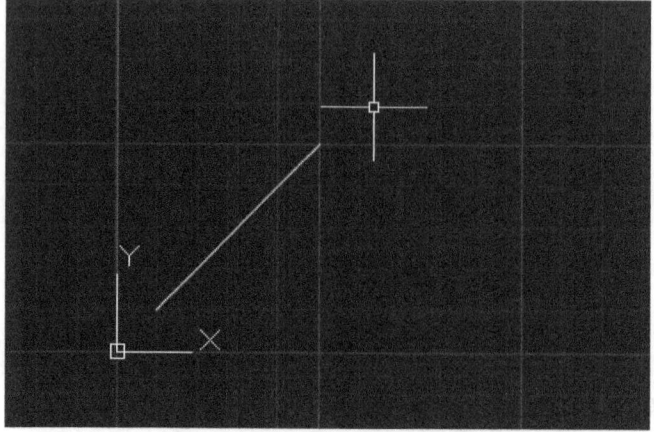

Pic 2.5 Ligne créé, et la souris pointeur publié

14. Tout comtextes en ligne mand dans ce tutoriel:

```
Ligne de commande
Spécifiez le premier: 10,10
Spécifiez le point suivant ou [Annuler]: 50,50
Spécifiez le point suivant ou [Annuler]:
```

Dans le prochain tutoriel, nous allons dessiner une ligne à l'aide de coordonnées relatives, vous pouvez voir les étapes ci-dessous:

1. Type de ligne

```
Ligne
```

2. Spécifier le premier point = 10,10.

```
Spécifiez le premier: 10,10
```

3. Spécifiez le point suivant @ 50,25 par rapport à partir du premier point.

```
Spécifiez le point suivant ou [Annuler]: @ 50,25
```

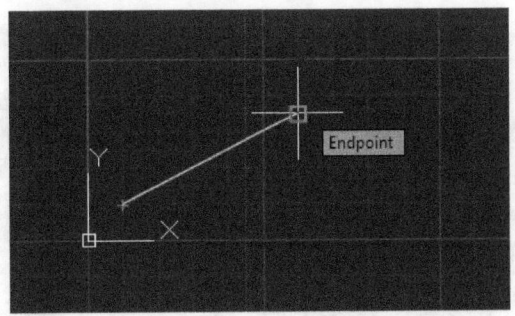

Pic 3,6 Spécifier second point de coordonnées par rapport à l'aide

4. Cliquez sur Enter, la ligne sera créé.

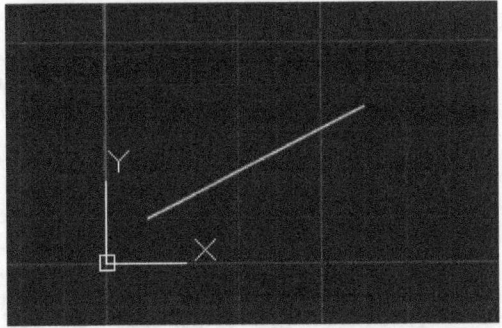

Pic 3.7 ligne créé à l'aide de coordonnées relatives pour le deuxième point

5. Pour supprimer la ligne, cliquez sur la ligne pour sélectionner la première ligne. ligne sélectionnée deviendra la ligne en pointillés.

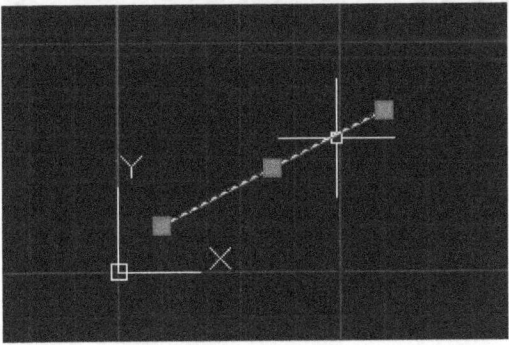

Pic 3.8 Ligne sélectionnés deviennent pointillés

6. Cliquez sur **Effacer** touche de votre clavier, ou faites un clic droit et cliquez sur le menu Effacer.

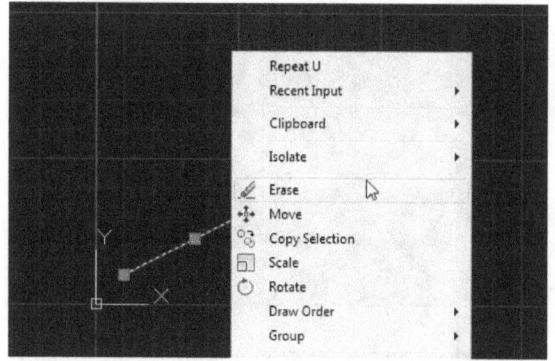

Pic 3.9 menu Effacer pour supprimer la ligne sélectionnée

Le troisième tutoriel utilise angle de coordonnées. Voici la méthode pour dessiner une ligne en utilisant l'angle de coordonnées:

1. Insérez commande de ligne et spécifiez le premier point = 10,10.

```
Ligne de commande
Spécifiez le premier: 10,10
```

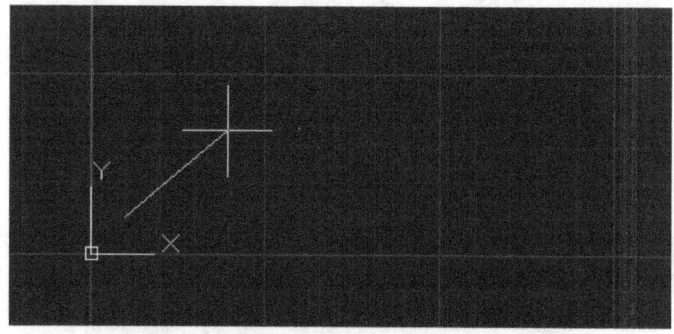

Pic 3,20 spécifier le premier point = 10,10

2. ensuite Spécifier second point de 50 unités à partir du premier point, et avec <45 °. Cliquez sur Entrée:

```
Spécifiez le point suivant ou [Annuler]: @ 50 <45
Spécifiez le point suivant ou [Annuler]:
```

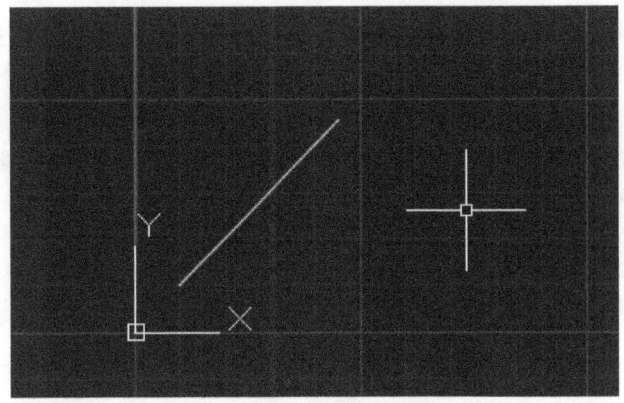

Pic 3.21 ligne de dessin en fonction du degré de coordonnées

✓ ***Exercice Dessin d'une ligne***

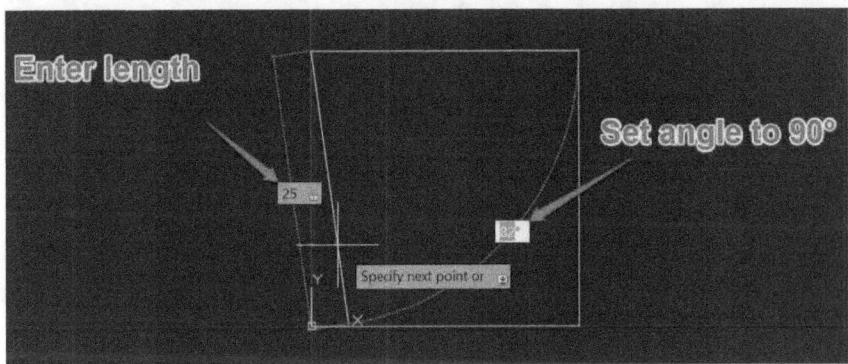

Pour créer votre première esquisse, sélectionnez Vue du dessus avec la boussole. Désactiver la grille snap en appuyant sur F9. Maintenant, tapez « ligne » et appuyez sur Entrée. Cela permettra la commande de ligne.

Avec AutoCAD, vous pouvez simplement taper les premières lettres de toute commande. Le logiciel ou saisie semi-automatique afficher toutes les commandes disponibles. Lorsque vous avez entré la commande en ligne, il vous demande de préciser le premier point. Vous pouvez maintenant sélectionner un point au hasard dans votre DrawSpace ou entrez les coordonnées. Entrez 0 pour X-Coordinate, changement à Y Coordonnée en appuyant sur Tab, entrez 0 et ainsi confirmer vos coordonnées en appuyant sur Entrée. Vous avez maintenant sélectionné le centre du système de coordonnées de démarrage.

Maintenant, déplacez votre souris sur le côté positif de l'axe X. Vous pouvez maintenant voir comment l'entrée de coordonnées a changé en coordonnées polaires. Entrez 25 pour la longueur de la ligne en appuyant sur Tab, vous pouvez passer à l'entrée angulaire. Essayez esquissant un carré de départ. Lorsque vous êtes retourné au centre, appuyez sur Echap pour mettre fin à la commande en ligne.

✓ *Exercice Dessin d'une ligne*

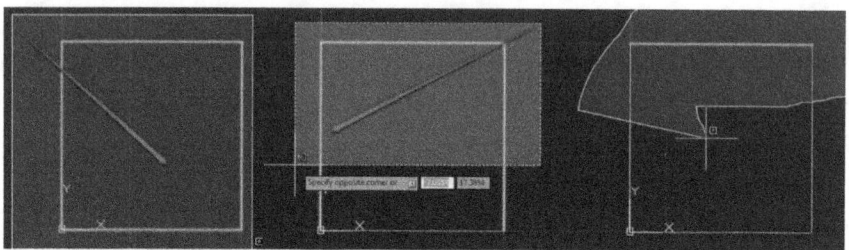

Pour sélectionner des objets, vous pouvez cliquer sur eux. Unselect en maintenant enfoncée la touche « Shift » et en cliquant à nouveau. Pour sélectionner plusieurs objets en cliquant-gauche et de gauche à droite. Cela permet de sélectionner tous les objets entièrement clos dans le rectangle bleu. Lorsque vous faites glisser de droite à gauche, vous sélectionnerez tous les objets touchés par le rectangle vert. Cliquez à nouveau pour confirmer la sélection. En cliquant et en maintenant le bouton gauche de la souris permettra au lasso, qui vous permet de sélectionner une forme aléatoire.

3.2.2 dessin Polyligne

Polyligne est multiligne, plus d'une des lignes qui composent par ligne et les segments d'arc. Voir image ci-dessous par exemple polyligne:

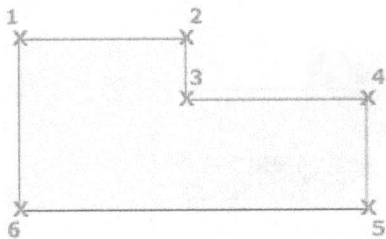

Pic 3,22 exemple Polyline

Quelques notes sur polyligne:

- Spécifiez le point de départ: semblable à commande LIGNE, spécifier le premier point ou point initial.

- Suivant:

```
polyligne, la ligne ou l'arc.
Spécifiez le point suivant
```

- Si vous choisissez le deuxième point, vous allez créer en ligne droite.

- Si vous entrez dans un autre option, par exemple l'arc, vous ferez un arc.

Il y a quelques invites liées à la ligne et l'arc:

- Fermer: relie premier segment et le dernier segment à tracer une polyligne fermée.

- Demi-largeur: demi-largeur du segment, du centre vers extérieur.

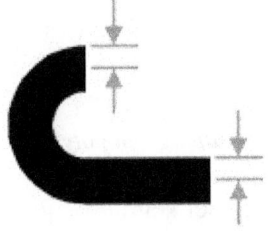

Pic 3,23 demi-largeur

- Largeur: La largeur du segment suivant.

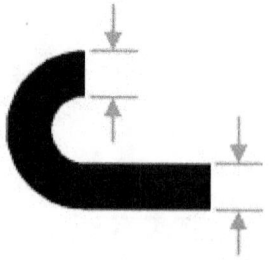

Pic 3,24 Largeur

- La première partie de la largeur sera égale à la dernière largeur. La dernière largeur sera uniforme à tous les segments jusqu'à ce que vous changez une autre largeur. La première partie et la partie d'extrémité de largeur est similaire à la largeur au milieu du segment.

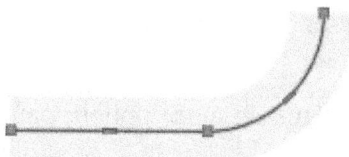

Pic 3,25 Largeur en ligne et l'arc

- A l'intersection de une polyligne, il y aura un biseau.

Pic 3,26 biseautage en polyligne

- Annuler effacera le dernier segment ajouté.

Quelques arguments en ligne rapide seule:

- L'arc: la création de l'arc tangente du segment précédent.

- Longueur: segment Création d'une longueur = segment suivant. Si le segment suivant estun arc, le nouveau segment sera tangente du segment d'arc.

Pic 3,27 Longueur

Certains arguments dans l'arc seule demande:

- point final de l'arc: Fin du segment d'arc. Tangent à partir du segment de polyligne précédent.

- Angle: Définition de l'angle de le segment d'arc à partir du point central. Si elle est positive dans le sens antihoraire =, si elle est négative = dans le sens horaire.

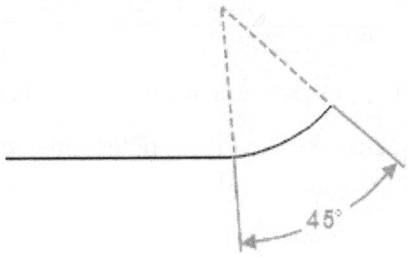

Pic 3,28 Angle

- Centre: Spécification le segment d'arc sur la base de point central. Voir l'image ci-dessous:

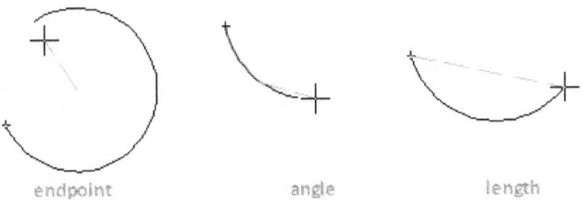

endpoint   angle   length

- Réalisation: Spécification TangeNT pour le segment d'arc.

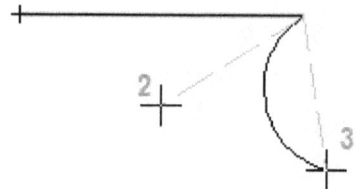

Pic 3,30 Direction

- (2) est la direction de la tangente à partir de Le point de départ de l'arc.

- (3) est le dernier point de l'arc. Vous pouvez utiliser la touche Ctrl pour tirer dans le sens antihoraire.

- Ligne: Changement de le dessin arc à dessin au trait.

- Rayon: déterminer le rayon de le segment d'arc.

- Deuxième pt: Déterminer le deuxième point et le dernier point de trois points de l'arc.

Pour un look de motif Linetype les arguments ci-dessous:

- variable système PLINEGEN, déterminer quel type de ligne créé en 2 dimensions polyligne.

- 0 tiret va créer dans le coin.

- 1 sera tracer une ligne en pointillés sans interruption.

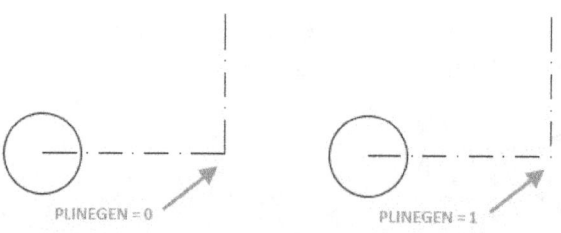

Pic 3,31 La différence entre PLINEGEN = 0 et PLINEGEN = 1

Voir tutoriel ci-dessous pour créer Polyligne:

1. Tout d'abord, créer la limite de 0,0 à 100100.

```
Commande: limites
Réinitialiser les limites d'espace Modèle:
Spécifiez le coin inférieur gauche ou [ON / OFF] <0.0000,0.0000>:
0,0
Spécifiez le coin supérieur droit <420.0000,297.0000>: 100100
```

2. Tapez polyligne et spécifiez le premier point à 0,0.

```
Commande: POLYLIGNE
POLYLIGN
Spécifiez le point de départ: 10,10
Current largeur de ligne est 0,0000
```

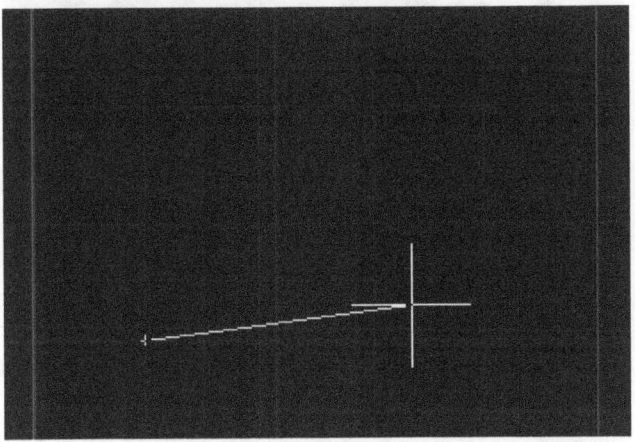

Pic 3,32 Spécifiez le premier point de polyligne à 10,10

3. Spécifiez la ligne suivante à 80,10.

```
Spécifiez le point suivant ou [L'arc / demi-largeur / longueur /
Annuler / Largeur]: <Object Tracking Snap> 80,10
```

4. Spécifiez le point suivant à 80,50.

```
Spécifiez le point suivant ou [L'arc / Close / demi-largeur /
longueur / Annuler / Largeur]: 80,50
```

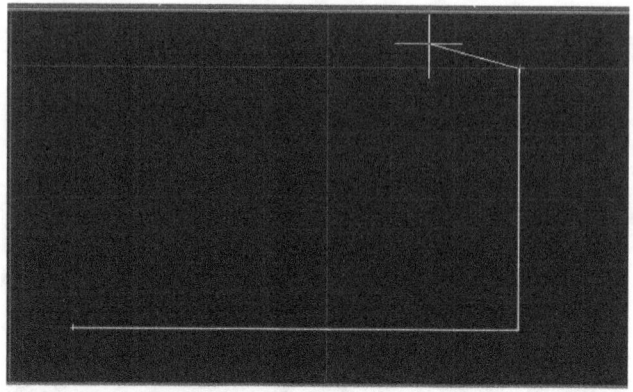

Pic 3,34 Spécifiez le point à côté de, 50

5. À créer l'arc, insérer argument A, et spécifier l'angle = 20 et le point final de l'arc à 10,50.

```
Spécifiez le point suivant ou [L'arc / Close / demi-largeur /
longueur / Annuler / Largeur]: A
Spécifier extrémité de l'arc (maintenir Ctrl pour changer la
direction) ou
[Angle / Centre / CLose / Réalisation / demi-largeur / ligne /
Rayon / Second pt / Annuler / Largeur]: A
Spécifier angle inclus: 20
Spécifier extrémité de l'arc (maintenir Ctrl pour changer la
direction) ou [Centre / Rayon]: 10,50
Spécifier extrémité de l'arc (maintenir Ctrl pour changer la
direction) ou
```

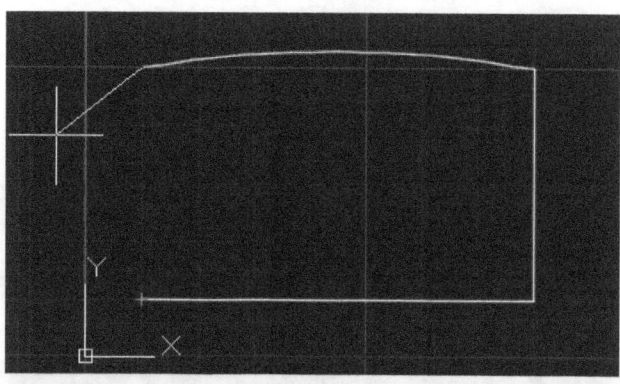

6. Retour à tracer une ligne, par l'insertion, l'argument de l et de type C pour fermer la polyligne.

```
Spécifier extrémité de l'arc (maintenir Ctrl pour changer la
direction) ou
[Angle / Centre / CLose / Réalisation / demi-largeur / ligne /
Rayon / Second pt / Annuler / Largeur]: l
Spécifier le point suivant ou [L'arc / fermer / demi-largeur /
longueur / Annuler / Largeur]: C
```

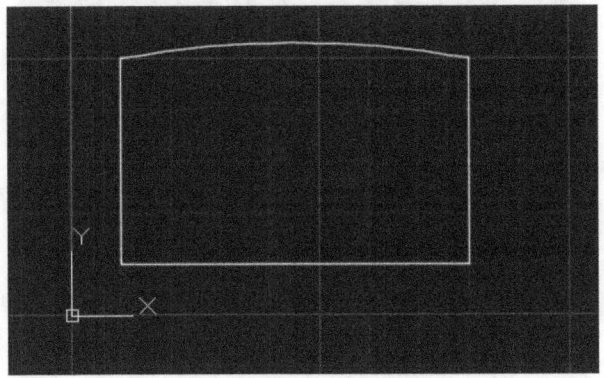

Pic 3,36 création Polyligne

Le deuxième tutoriel sur la création polyligne:

1. Insérer le point de départ du jeu de polyligne 10,10 à 1 jeu demi-largeur.

```
Commande: POLYLIGNE POLYLIGN
Spécifiez le point de départ: 10,10
Spécifiez le point suivant ou [L'arc / demi-largeur / longueur /
Annuler / Largeur]: h
Spécifier à partir de demi-largeur <5,0000>: 1
Spécifier se terminant à mi-largeur <1,0000>:
```

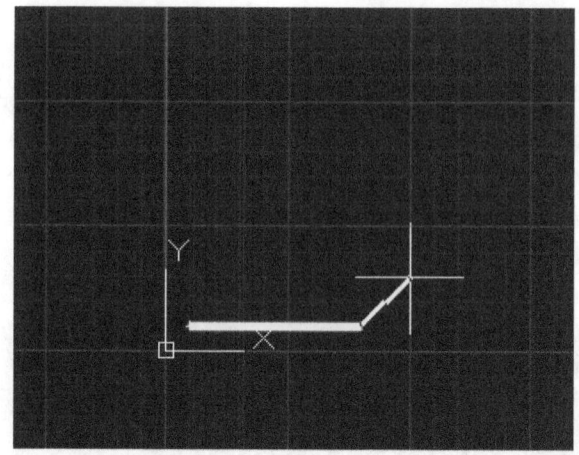

Pic 3.37 Réglage à 1 et demi-largeur point de départ à 10,10

2. Réglez le point à côté de 80,10 et 80,50.

```
Spécifiez le point suivant ou [L'arc / demi-largeur / longueur /
Annuler / Largeur]: 80,10
Spécifiez le point suivant ou [L'arc / Close / demi-largeur /
longueur / Annuler / Largeur]: 80,50
```

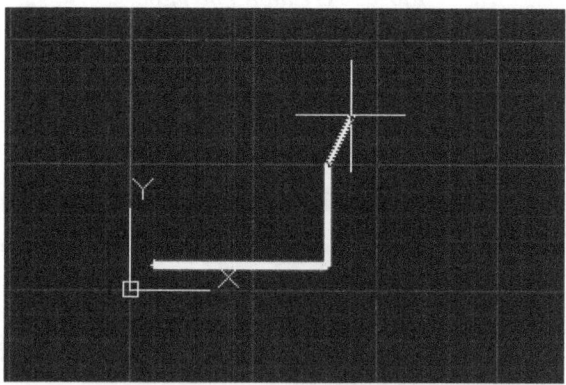

Pic 3,38 Point de consigne à côté de 80,10 et 80,50

3. Créer un arc de rayon = 50 et le point suivant à 10,50.

```
Spécifiez le point suivant ou [L'arc / Close / demi-largeur /
longueur / Annuler / Largeur]: un
Spécifier extrémité de l'arc (maintenir Ctrl pour changer la
direction) ou
[Angle / Centre / CLose / Réalisation / demi-largeur / ligne /
Rayon / Second pt / Annuler / Largeur]: r
```

```
Spécifier rayon de l'arc: 50
Spécifier extrémité de l'arc (maintenir Ctrl pour changer la
direction) ou [Angle]: 10,50
```

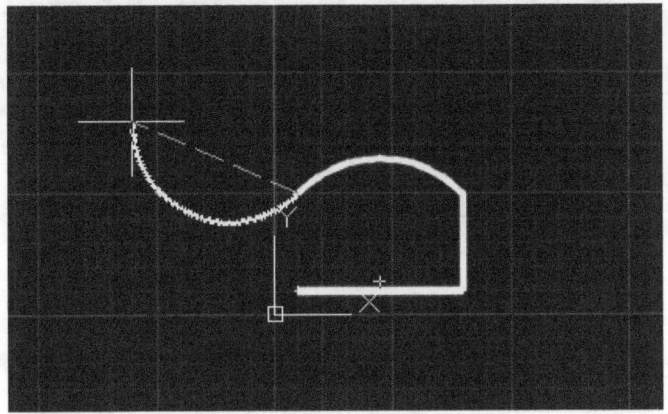

Pic 3,39 Créer l'arc

4. Choisissez Fermer, polyligne créé avec width = 2.

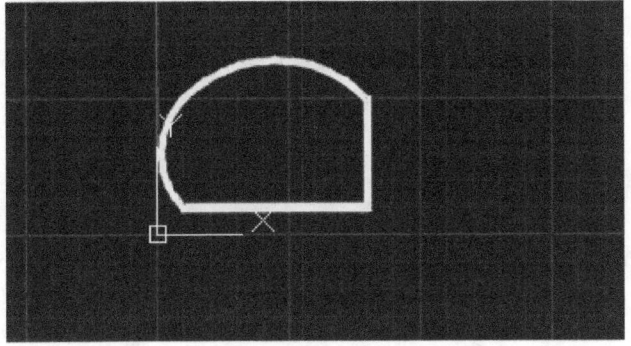

Pic 3,30 Polyligne créé

3.2.3 Dessin d'un cercle

commande Cercle utilisé pour dessiner un cercle, vous pouvez faire
un cercle en utilisant certaines combinaisons. Voir les exemples ci-
dessous pour dessiner un cercle dans AutoCAD:

1. Tapez cercle, commande et laisser le centre à 50,50.

```
Commande: CERCLE
Spécifier le centre du cercle ou [3P / 2P / Ttr (Rayon tan tan)]:
50,50
```

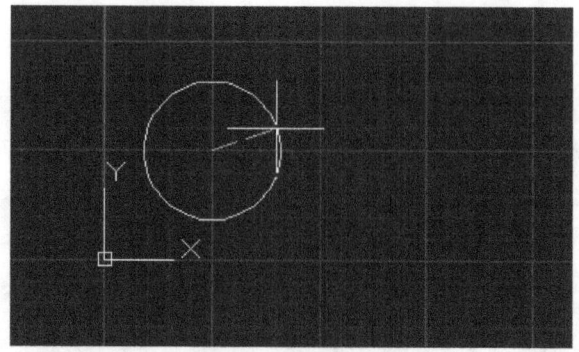

Pic 3,31 Spécifiez le centre à 50,50

2. Spécifiez le rayon = 50. Un cercle sera créé

```
Spécifier le rayon du cercle ou [Diamètre] <50,0000>: 50
```

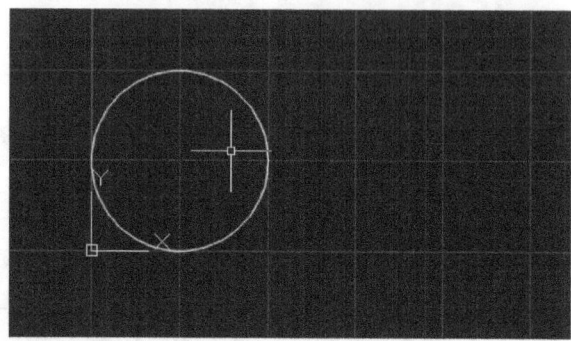

Pic 3,32 Dessin d'un cercle de centre et de rayon = 50,50 = 50

Vous pouvez également dessiner un cercle en spécifiant trois points. Regardez ce tutoriel:

1. Insérer commande cercle et chooes 3p.

2. Spécifier le premier point à 50,0, le deuxième point de 100,0 et le troisième point à 50,50.

```
Commande: CERCLE
Spécifier le centre du cercle ou [3P / 2P / Ttr (Rayon tan tan)]:
3p
Spécifiez le premier point sur le cercle: 50,0
Spécifiez le deuxième point cercle: 100,0
Spécifiez le troisième point sur le cercle: 50,50
```

3. AutoCAD dessiner un cercle basé sur trois points insérés.

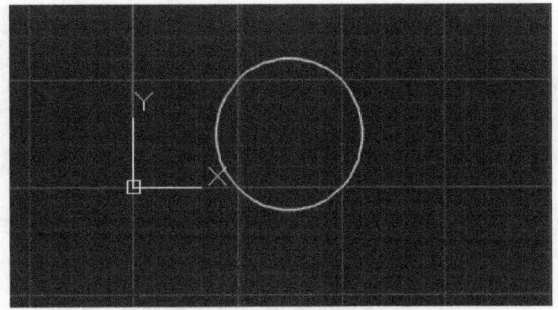

Pic 3,33 Cercle créé en spécifiant 3 points

Vous pouvez également spécifier 2 points pour dessiner un cercle. Voir les étapes ci-dessous:

1. Tapez « cercle » et le type 2P pour 2 points.

2. Spécifier le premier point 10,10 et 100,10 comme second point.

```
Commande: CERCLE
Spécifier le centre du cercle ou [3P / 2P / Ttr (Rayon tan tan)]:
2p
Spécifiez le premier point final du diamètre du cercle: 10,10
Spécifier second point d'extrémité du diamètre de cercle: 100,10
```

3. S'il est enregistré, vous verrez le cercle créé:

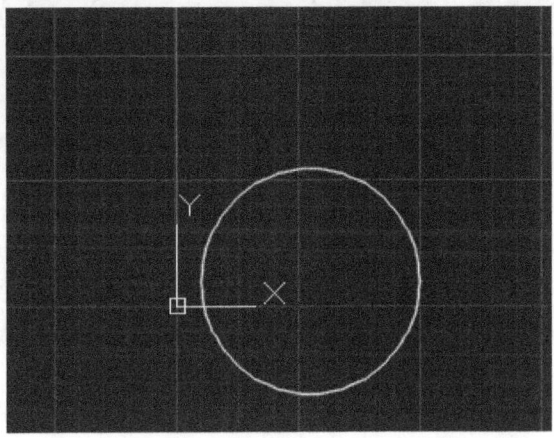

Pic 3,34 Cercle créé en spécifiant deux points

Vous pouvez également dessiner un cercle en utilisant 2 tangente et le rayon. Voir l'exemple ci-dessous:

1. Par exemple, Il y a 2 arcs et je veux dessiner un cercle qui tangentes à ces arcs et certain rayon.

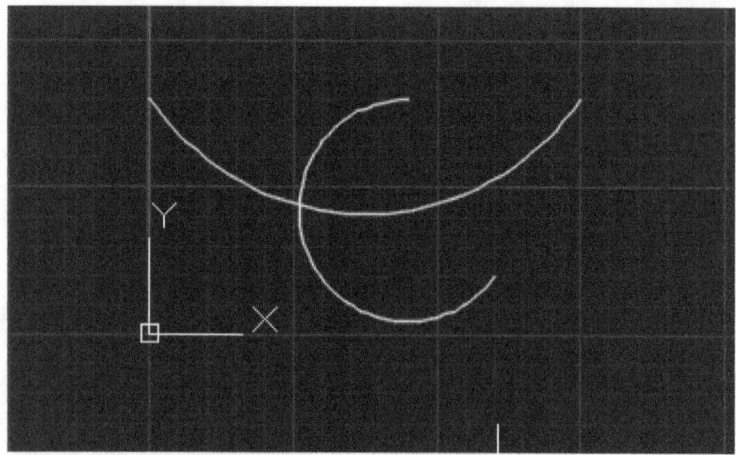

Pic 3,35 Deux arcs

2. Insérer commande cercle et type T dans le paramètre de cercle.

```
Commande: CERCLE
Spécifier le centre du cercle ou [3P / 2P / Ttr (rayon tan tan)]: t
```

3. Cliquez d'abord l'arc.

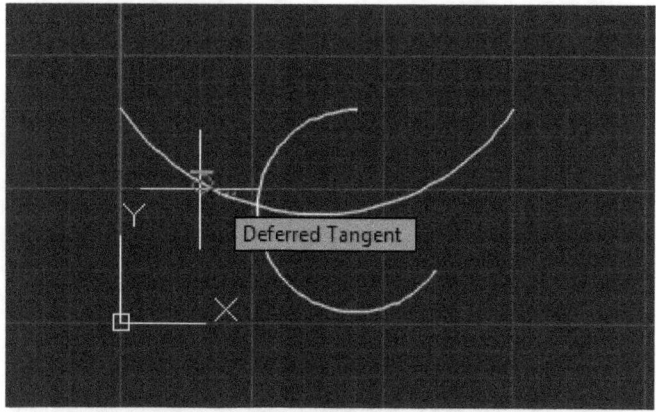

Pic 3,36 Cliquez d'abord l'arc

4. Cliquez sur la seconde arc.

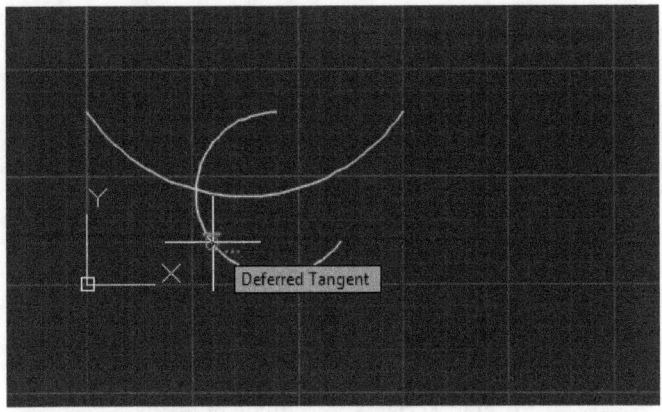

Pic 3,37 Cliquez sur l'arc seconde

5. Spécifiez le rayon, pour cet exemple, J'utilise 50.

```
Commande: CERCLE
Spécifier le centre du cercle ou [3P / 2P / Ttr (rayon tan tan)]: t
Spécifier le point sur l'objet pour la première tangente de cercle:
Spécifier le point sur l'objet pour la deuxième tangente du cercle:
Spécifier le rayon du cercle <50,0000>: 50
```

6. Cliquez sur Enter, le cercle sera créé tangente à ces deux les arcs.

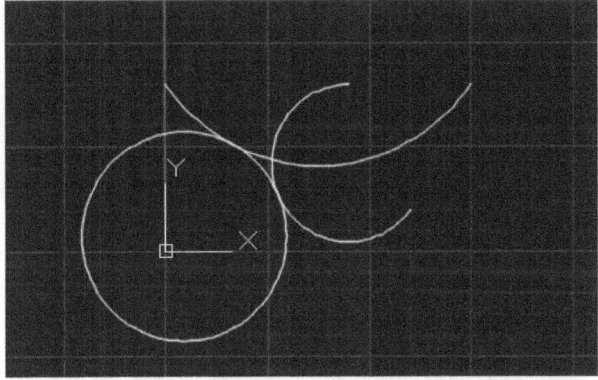

Pic 3,38 cercle de rayon Tan-tan

Procédé selon dessiner un cercle est tangente en spécifiant trois. Voir l'exemple ci-dessous:

1. Par exemple, il y a trois lignes comme image ci-dessous:

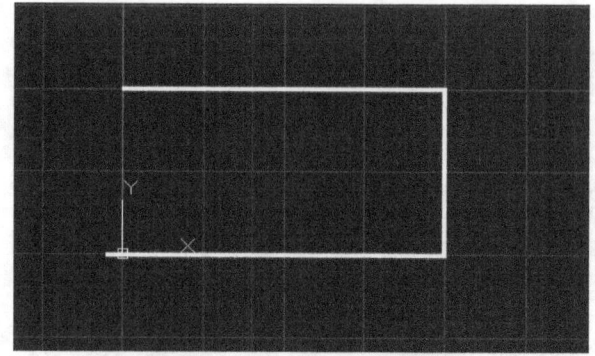

Pic 3,39 Trois lignes comme tangentes

2. Cliquez sur Cercle> Tan, Tan, Tan Menu.

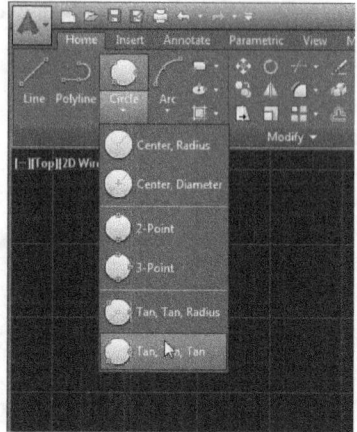

Pic 3,40 Menu Cercle> Tan, Tan, Tan

3. Cliquez sur la première ligne.

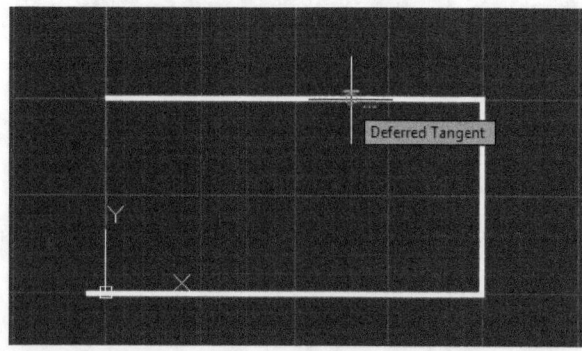

Pic 3,41 Cliquez sur la première ligne

4. Cliquez sur la deuxième ligne.

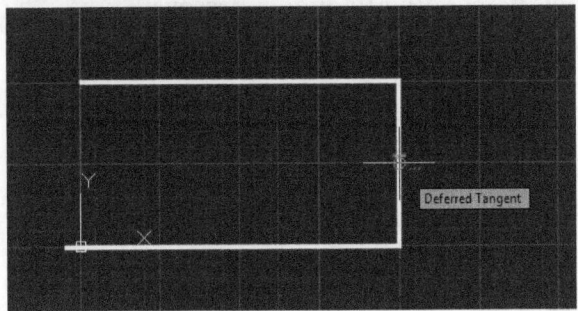

Pic 3,42 Cliquez sur la deuxième ligne

5. Cliquer sur la troisième ligne.

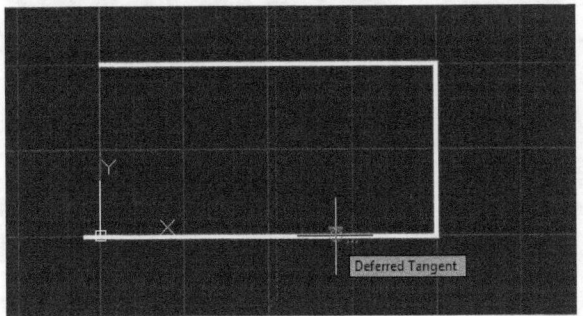

Pic 3,43 Cliquez sur la troisième ligne

6. Le cercle sera créé.

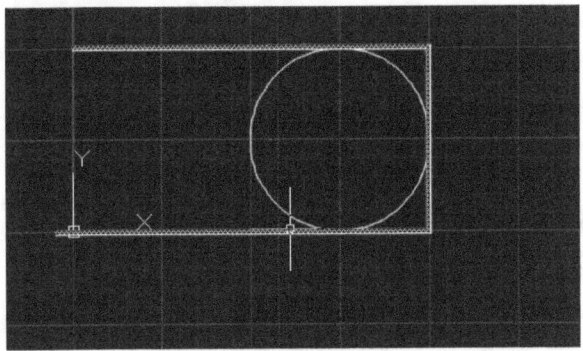

Pic 3,44 Le cercle créé

3.2.4 Dessin L'arc

L'arc peut être créé en utilisant des méthodes. Tout d'abord en spécifiant trois points. Voir tutoriel ci-dessous:

1. Type «l'arc » dans la ligne de commande.

2. Spécifiez le point de départ à 0,0.

3. Spécifier second point à 100,50.

4. Spécifier le troisième point à 150,0.

```
Commande: L'ARC
Spécifiez le point de départ de l'arc ou [Centre]: 0,0
Spécifiez le deuxième point de l'arc ou [Centre / Fin]: 100,50
Spécifier le point final de l'arc: 150,0
```

5. L'arc sera créé:

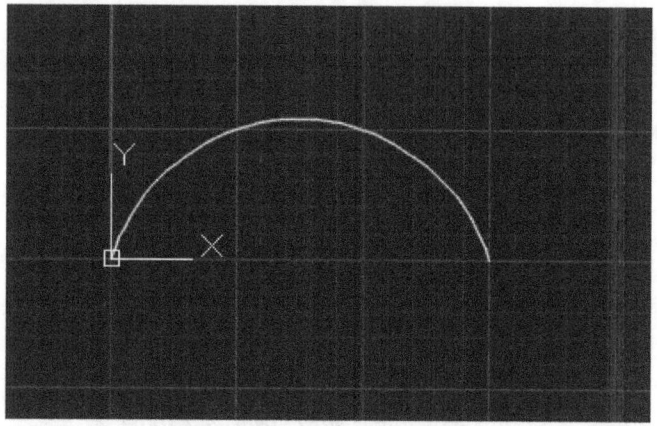

Pic 3,45 L'arc créé

La seconde méthode de création de l'arc est en spécifiant début, au centre et angle. Voir les étapes ci-dessous:

1. exécuter «la commande arc ».

2. Spécifiez le point de départ à 0,0.

3. Spécifiez le centre de l'arc à 50,0.

4. Choisissez l'angle et mis à -45 degrés.

```
Commande: L'ARC
Spécifiez le point de départ de l'arc ou [Centre]: 0,0
Spécifiez le deuxième point de l'arc ou [Centre / Fin]: C
Spécifiez le point central de l'arc: 50,0
```

```
Spécifier le point final de l'arc (maintenir Ctrl pour changer la
direction) ou [Longueur Angle / corde]: -45
```

5. Voir image ci-dessous pour l'arc créé:

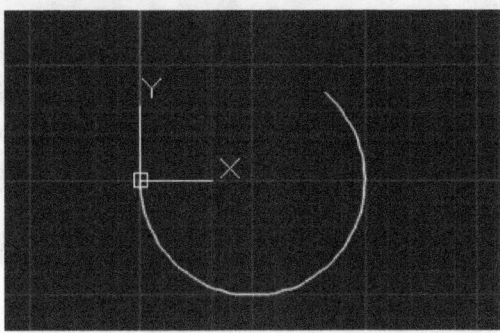

Pic 3,46 L'arc créé par le point de départ, le centre et l'angle

La deuxième méthode pour créer l'arc est en spécifiant Démarrer, Centre, Longueur.

1. Exécuter la commande arc, spécifiez point de début de l'arc à 0,0.

```
Commande: L'ARC
Spécifiez le point de départ de l'arc ou [Centre]: 0,0
Spécifiez le deuxième point de l'arc ou [Centre / Fin]: C
```

2. Dans Spécifiez le deuxième point de l'arc, cliquez sur C pour spécifier Center.

3. Spécifiez le centre à 50, -40.

4. Insérer L pour spécifier la longueur.

5. Spécifier la longueur = 40.

```
Spécifiez le point central de l'arc: 50, -40
Spécifier le point final de l'arc (maintenir Ctrl pour changer la
direction) ou [Longueur Angle / corde]: L
Indiquer la longueur de corde (maintenir Ctrl pour basculer
direction): 40
```

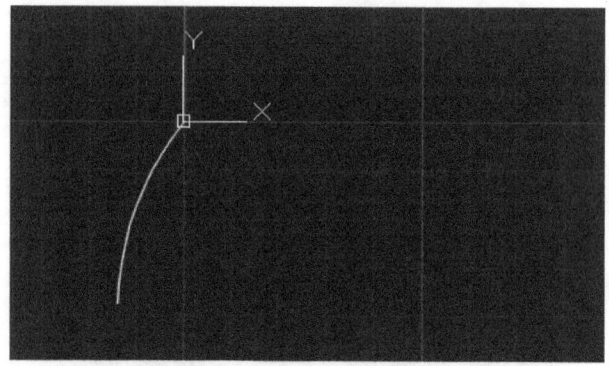

Pic 3,47 L'arc créée en utilisant l'arc, le centre et la longueur

Suivant la méthode de création de type arc est en spécifiant l'angle Début Fin. Entrez simplement le point de départ, point final, et l'angle. Voir les étapes ci-dessous:

1. Courir La commande d'arc, et définir le point de départ à 0,0.

2. Choisissez E de préciser la méthode « point final ».

3. Spécifiez le point 100100 pour le point final.

```
Commande: L'ARC
Spécifiez le point de départ de l'arc ou [Centre]: 0,0
Spécifiez le deuxième point de l'arc ou [Centre / Fin]: E
Spécifier le point final de l'arc: 100100
```

4. Insérer A Angle de préciser.

5. Type -30 pour l'angle.

```
Spécifier le point central de l'arc (maintenir Ctrl pour changer la
direction) ou [Angle / Direction / Rayon]: A
Spécifier angle inclus (maintenir Ctrl pour passer direction): -30
```

6. L'arc sera créé.

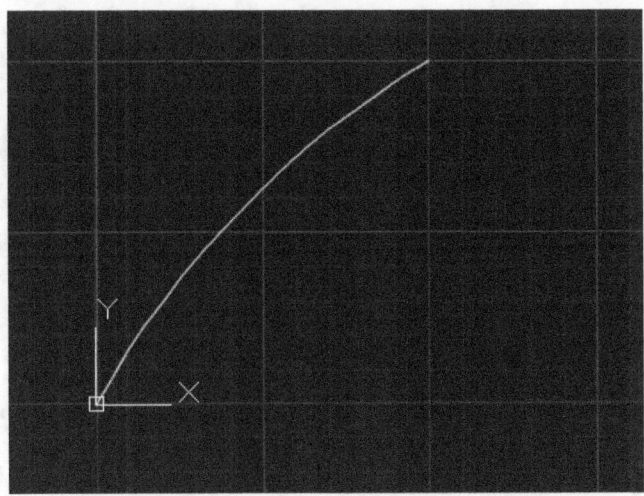

Pic 3,48 L'arc créé en utilisant Début Fin et Angle

Suivant le type d'arc est Début Fin, Direction. Voici comment créer:

1. Exécuter la commande de l'arc.

2. Spécifiez le point de départ à 0,0.and de type E pour sélectionner la méthode de fin.

3. Spécifiez le point final à 100,0.

```
Commande: L'ARC
Spécifiez le point de départ de l'arc ou [Centre]: 0,0
Spécifiez le deuxième point de l'arc ou [Centre / Fin]: E
Spécifier le point final de l'arc: 100,0
```

4. Choisissez D pour la direction.

```
Spécifier le point central de l'arc (maintenir Ctrl pour changer la
direction) ou [Angle / Direction / Rayon]: D
```

5. Spécifier la direction de la tangente à -45.

```
Spécifier direction de la tangente au point de départ de l'arc
(maintenir Ctrl pour passer direction): -45
```

6. L'arc sera créé:

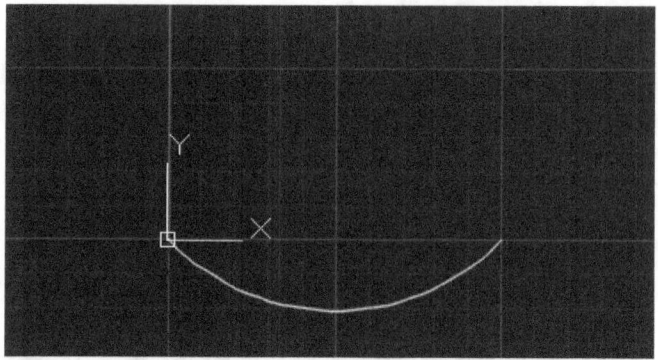

Pic 3,49 L'arc créé à l'aide Début, Fin, méthode de direction

Une autre méthode pour créer l'arc est en utilisant la méthode Début Fin Radius. Voir les étapes ci-dessous:

1. Cliquez sur l'arc> Début, Fin, Rayon.

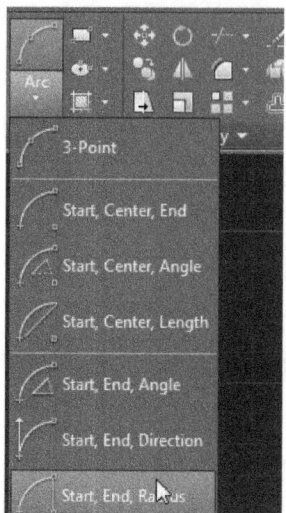

Pic 3.50 Début, Fin, le menu Rayon

2. Cela définira le début, la fin, la méthode Rayon de créer l'arc.

3. Spécifiez le point de départ de l'arc à 0,0.

```
Commande: _la arc
Spécifiez le point de départ de l'arc ou [Centre]: 0,0
Spécifiez le deuxième point de l'arc ou [Centre / Fin]: _e
```

4. Spécifier le point final de l'arc à 100.100.

```
Spécifier le point final de l'arc: 100100
```

5. Spécifier un rayon de 90.

```
Spécifier le point central de l'arc (maintenir Ctrl pour changer la
direction) ou [Angle / Direction / Rayon]: _r
Spécifier rayon de l'arc (maintenir Ctrl pour basculer direction):
90
```

6. Vous pouvez voir le résultat ci-dessous:

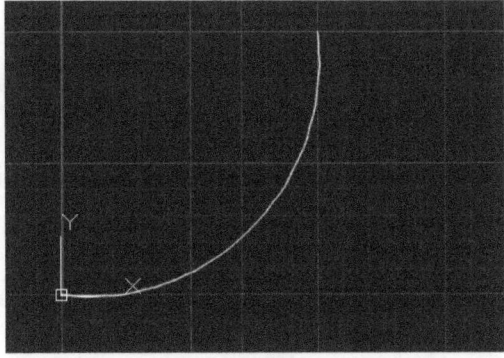

Pic 3.51 L'arc créé

Vous pouvez également utiliser Center, Démarrer, méthode End pour créer l'arc. Voir les étapes ci-dessous:

1. Insérer la commande arc, puis entrez l'argument C pour le centre.

```
Commande: L'ARC
Spécifiez le point de départ de l'arc ou [Centre]: C
```

2. Spécifiez le centre de l'arc = 50,0, et définir le point de départ à 0,0.

```
Spécifiez le point central de l'arc: 50,0
Spécifiez le point de départ de l'arc: 0,0
```

3. Spécifiez le point final à 100100.

```
Spécifier le point final de l'arc (maintenir Ctrl pour changer la
direction) ou [Longueur Angle / corde]: 100,0
```

4. Tu peux voir le résultat comme suit:

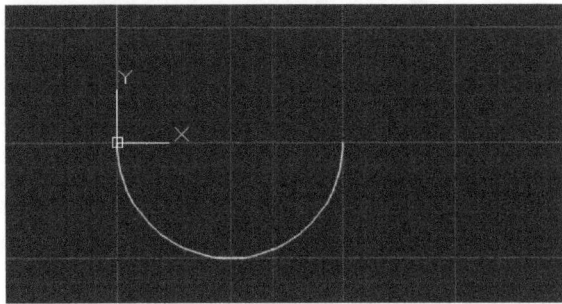

méthode suivante est Centre Angle de départ pour créer l'arc. Voir les étapes ci-dessous:

1. exécuter «la commande arc ».

2. Choisissez C pour le centre.

3. Spécifiez le point central à 50,0.

```
Commande: L'ARC
Spécifiez le point de départ de l'arc ou [Centre]: C
Spécifiez le point central de l'arc: 50,0
```

4. Spécifiez le point de départ de l'arc à 0,0, puis choisissez A pour Angle.

```
Spécifiez le point de départ de l'arc: 0,0
Spécifier le point final de l'arc (maintenir Ctrl pour changer la
direction) ou [Longueur Angle / corde]: A
```

5. Spécifier l'angle = 45 °.

```
Spécifier angle inclus (maintenir Ctrl pour basculer direction): 45
```

6. Le résultat sera comme ci-dessous:

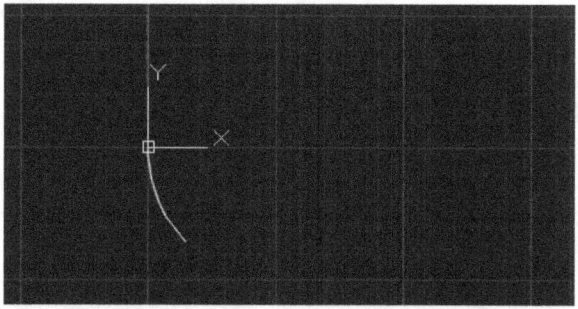

Pic 3.53 L'arc en utilisant la création « centre, départ, angle »

méthode suivante est à l'aide Center, Démarrer et longueur. Voir les étapes ci-dessous:

1. Courir "la commande arc ».

2. Choisissez C pour le centre.

```
Commande: L'ARC
Spécifiez le point de départ de l'arc ou [Centre]: C
```

3. Spécifiez le point central de l'arc à 50,0.

4. Spécifiez le point de départ à 0,0.

5. Choisissez L en longueur Angle / Chord.

```
Spécifiez le point central de l'arc: 50,0
Spécifiez le point de départ de l'arc: 0,0
Spécifier le point final de l'arc (maintenir Ctrl pour changer la
direction) ou [Longueur Angle / corde]: L
```

6. Spécifiez la longueur l'arc à 100.

```
Indiquer la longueur de corde (maintenir Ctrl pour basculer
direction): 100
```

7. L'arc sera comme ci-dessous:

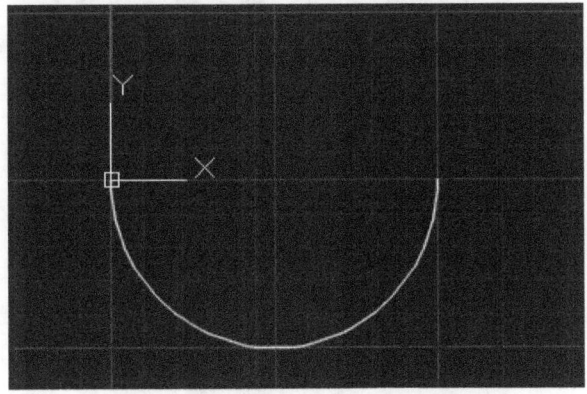

Pic 3.54 L'arc déjà créé

Pour dessiner un nouveau l'arc connecté à partir de l'arc existant, vous pouvez utiliser Continuer. Voici les étapes:

1. après avoir créé l'arc.

2. Cliquer sur **arc> Continuer**dans la maison> Dessine ruban.

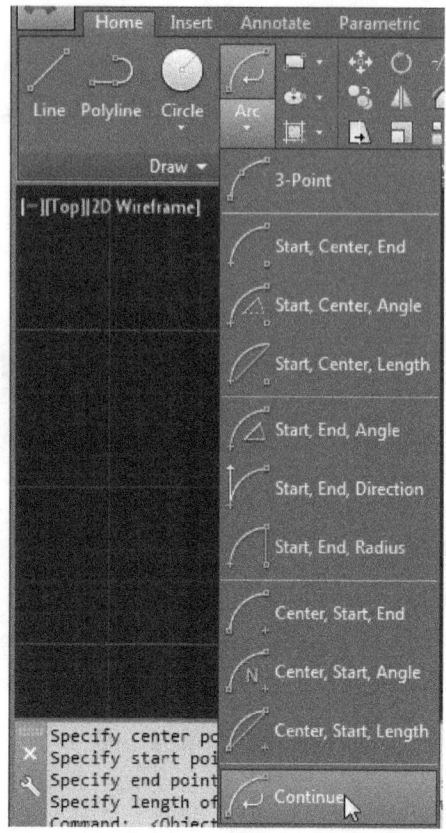

Pic 3,55 Arc> Continuer le menu

3. Vous pouvez continuer à créer l'arc de l'arc existant.

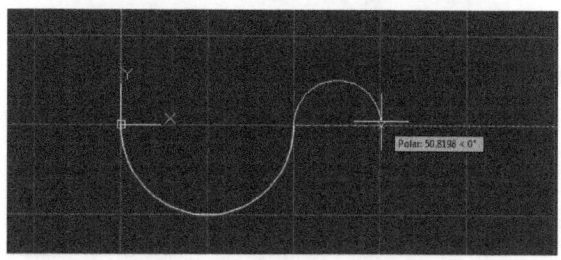

Pic 3,56 Continuez à créer l'arc de l'arc existant

4. Si vous cliquez sur Entrée, un autre segment de l'arc sera créé.

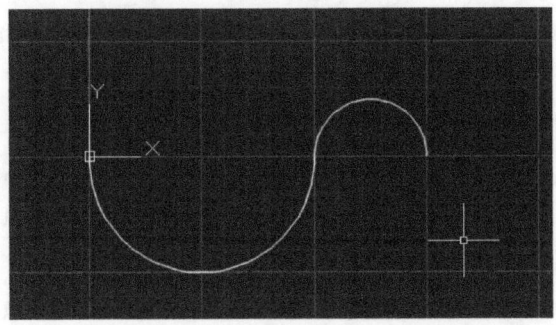

Pic 3,57 Le segment d'arc créé

5. Par étapes ci-dessus itérer, vous pouvez créer l'arc autant que vous voulez.

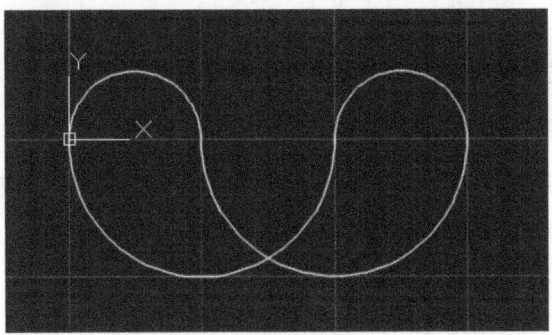

Pic 3,58 Les arcs créés

3.2.5 dessin Rectangle

Pour dessiner un rectangle, AutoCAD, utilisez la commande « RECTANG ». Cela va créer automatiquement polyligne dans le rectangle. Tout comme l'arc, il y a plus d'un des méthodes pour créer un rectangle.

fonction RECTANG a de nombreux arguments. Vous pouvez voir l'exemple ci-dessous sur les commandes:

```
Paramètres actuels: Rotation = 0
Spécifier le premier coin ou [Chanfrein / élévation / Filet /
épaisseur / largeur]:
```

Notes sur les arguments:

- Point First d'angle: Spécification le premier point de rectangle.

- Autre angle Point: Spécification de l'autre point de rectangle.

- Zone: Création rectangle à l'aide zone, la longueur et la largeur. Si l'option ou Chanfrein Fillet actif, l'effet sera apparu sur le coin du rectangle.

- Dimensions: Création d'un rectangle en entrant la longueur et la largeur.

- Rotation: Création rectangle à l'aide certaine rotation d'angle.

- Chanfrein: Réglage du chanfrein du rectangle.

- Altitude: Réglage de l'élévation du rectangle.

- Fillet: Réglage rayon de filet de rectangle.

- Epaisseur: Réglage de l'épaisseur du rectangle.

- Largeur: Réglage de la largeur du rectangle de la ligne.

Tout d'abord tutoriel décrit comment créer un rectangle simple, sans filet et la largeur. Voir les étapes ci-dessous:

1. Exécutez la commande « RECTANG ».

2. Spécifiez le premier virage à 0,0.

```
Commande: RECTANG
Spécifier le premier coin ou [Chanfrein / élévation / Filet /
épaisseur / largeur]: 0,0
```

3. Spécifiez un autre coin à 75,0.

```
Spécifiez un autre point d'angle ou [Zone / Dimensions / Rotation]:
75,50
```

4. Un simple rectangle sera créé sur la zone de dessin.

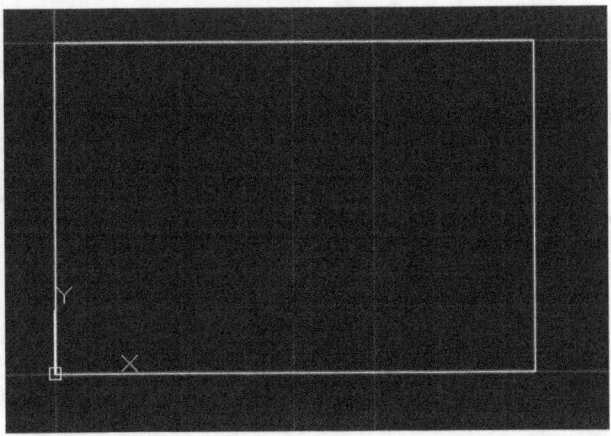

Pic 3,59 rectangle créé en utilisant la commande RECTANG

Le mai rectangle présente un chanfrein. Voir ci-dessous pour créer les étapes du rectangle avec un chanfrein.

1. Exécutez la commande « RECTANG ».

2. Choisissez C sur « Spécifiez le premier coin » pour activer le chanfrein.

```
Commande: RECTANG
Spécifier le premier coin ou [Chanfrein / élévation / Filet /
épaisseur / largeur]: C
```

3. Sur Spécifiez la première distance de chanfrein, fixé à 3, sur spécifier une seconde distance de chanfrein, fixé à 3.

```
Spécifier première distance de chanfrein pour les rectangles
<0,0000>: 3
Spécifier seconde distance de chanfrein pour les rectangles
<3,0000>: 3
```

4. Spécifiez le premier point d'angle = 0,0. ensuiteSpécifiez le deuxième point d'angle à 50,50.

```
Spécifier le premier coin ou [Chanfrein / élévation / Filet /
épaisseur / largeur]: 0,0
Spécifiez un autre point d'angle ou [Zone / Dimensions / Rotation]:
50,50
```

5. Le résultat est un rectangle un chanfrein sur le coin. Voir l'image ci-dessous:

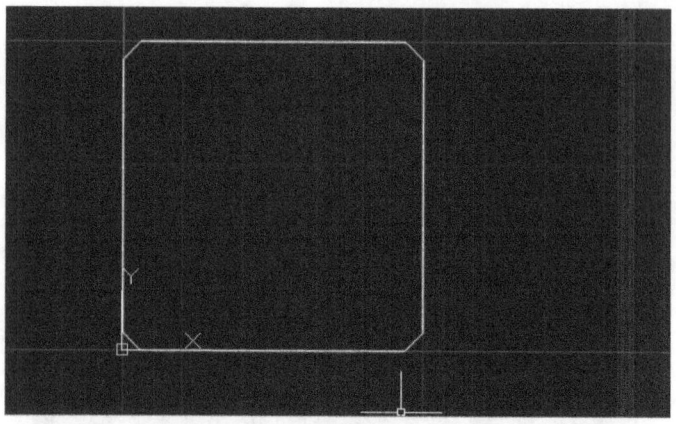

Pic 3,60 un rectangle avec chanfrein

Vous pouvez également créer des filets sur le coin du rectangle. Voir les étapes ci-dessous:

1. Exécutez la commande « RECTANG ».

```
Commande: RECTANG
```

2. Sur « Spécifiez le premier coin », cliquez sur F.

3. Spécifier le rayon de congé à 3.

4. Indiquez ensuite le premier point d'angle = 0,0.

5. Spécifiez ensuite un autre point d'angle = 50,50.

```
Spécifier le premier coin ou [Chanfrein / élévation / Filet /
épaisseur / largeur]: F
Spécifier rayon de congé pour les rectangles <3,0000>: 3
Spécifier le premier coin ou [Chanfrein / élévation / Filet /
épaisseur / largeur]: 0,0
Spécifiez un autre point d'angle ou [Zone / Dimensions / Rotation]:
50,50
```

6. Le résultat est un rectangle avec filet:

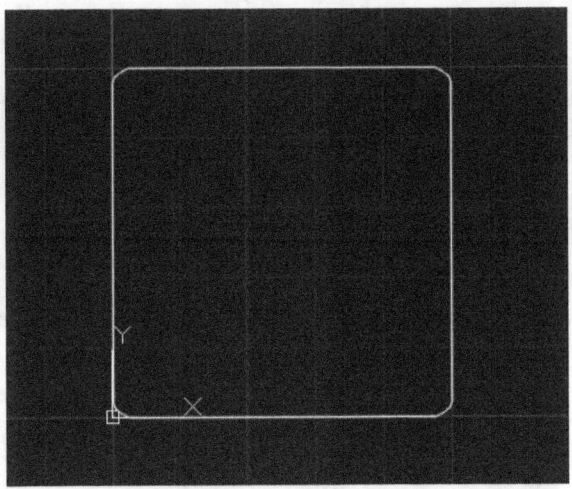

Pic 3,61 Un rectangle avec filet

Vous pouvez également modifier l'argument largeur d'un rectangle pour dessiner un rectangle avec une largeur personnalisée. Les étapes sont les suivantes:

1. Exécutez la commande « RECTANG ».

```
Commande: RECTANG
Modes rectangle actuels: Fillet = 3,0000
```

2. Sur « Chanfrein / Elevation / Fillet », cliquez sur w.

3. Régler la largeur de 1.

```
Spécifier le premier coin ou [Chanfrein / élévation / Filet /
épaisseur / largeur]: w
Spécifier la largeur de ligne de rectangles <0,0000>: 1
```

4. Spécifiez le premier point d'angle = 0,0. Et puis le second point d'angle = 100,50.

```
Spécifier le premier coin ou [Chanfrein / élévation / Filet /
épaisseur / largeur]: 0,0
Spécifiez un autre point d'angle ou [Zone / Dimensions / Rotation]:
100,50
```

5. Rectangle créé aura une largeur personnalisée.

Pic 3,62 Créer Rectangle

✓ ***Exercice Dessin de formes de base et Sketches Modifier***

Pour ce tutoriel AutoCAD, tapez « Rectangle » et appuyez sur Entrée pour lancer la commande. Commencez par le CenterPoint et se terminent à 10/50.

Démarrer un cercle à 0 / 47,5 et confirmez en appuyant sur Entrée. Réglez le rayon à 8. Si vous avez fait une erreur, il suffit de double-cliquez sur le croquis que vous souhaitez modifier. Dans la fenêtre apparaître automatiquement modifier les valeurs.

Démarrer une ellipse centrale à 0/30. Régler le rayon majeur parallèle à l'axe X 70 et à définir le rayon mineur à 30.

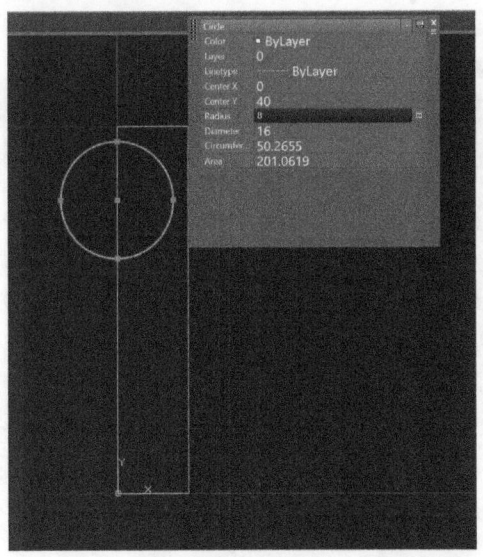

Dessiner un second cercle à 25 / 47,5. Allumez accrochage aux objets avec en appuyant sur F3 et guider le rayon du cercle parallèle à l'axe Y jusqu'à ce que vous Intersection avec l'ellipse. Cliquez sur lorsque vous voyez une croix verte. Tracer une ligne à partir de 10/55, vous pouvez désactiver Accrochage aux objets, de sorte que le point de départ ne sera pas pris au coin du rectangle. Lorsque vous avez placé le tour de point de départ, sur accrochage aux objets avec l'option « Tangent » activée. Tracer une ligne à un angle de 65 ° jusqu'à ce qu'il se mette avec le second cercle. Démarrez une deuxième ligne dans le coin supérieur droit du rectangle. Activer « le plus proche » en option Aligner objet tracer une ligne dans un angle de 130 °, l'alignement sur le premier cercle.

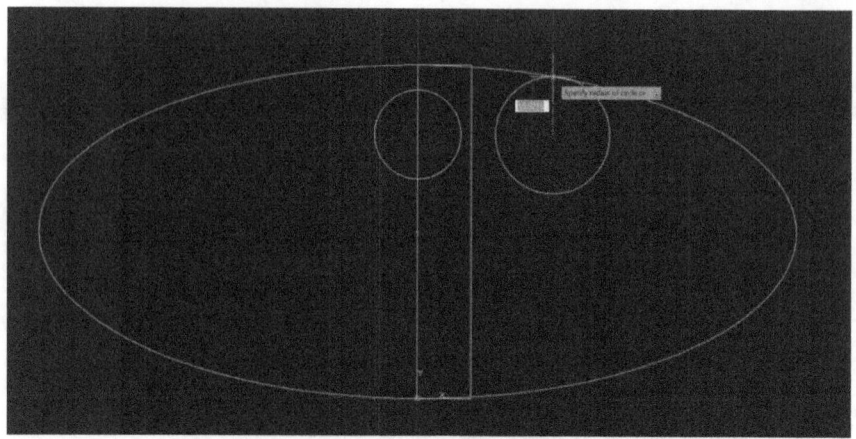

3.2.6 Polygon dessin

Polygon va dessiner un polygone avec un nombre personnalisé de côtés. Le nombre par défaut de côtés est 4, mais vous pouvez personnaliser. Un polygone peut être inscrit ou circonscrit. Voir tutoriel ci-dessous pour dessiner un polygone:

1. Premier, Dessiner un cercle

2. Indiquez le centre de le cercle à 25,25.

3. Spécifier le rayon du cercle à 25.

```
Commande: CERCLE
Spécifier le centre du cercle ou [3P / 2P / Ttr (Rayon tan tan)]:
25,25
Spécifier le rayon du cercle ou [Diamètre]: 25
```

4. Un cercle sera créé avec le centre et le rayon = 25,25 = 25. Créez le cercle pour vous aider à distinguer entre polygone interne ou externe.

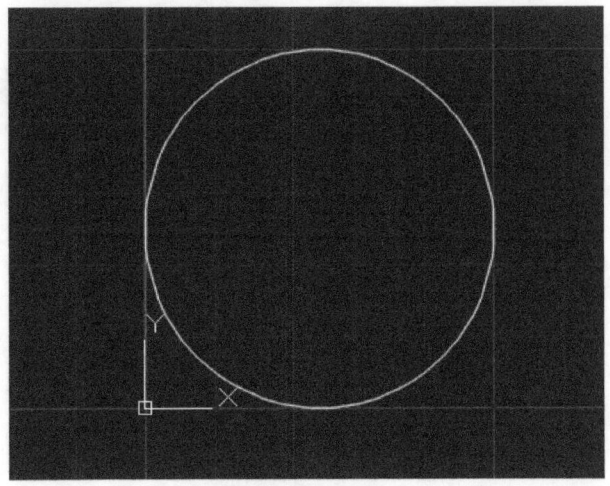

Pic 3,63 Cercle créé

5. Exécuter la commande « polygone ».

6. Entrez le nombre de côtés à 5.

```
Commande: POLYGONE
Entrez le nombre de côtés <4>: 5
```

7. Spécifier le centre du polygone à 25,25.

8. Pour le premier polygone, je choisis l'inscrit en tapant I

```
Spécifiez le centre du polygone ou [Bord]: 25,25
Entrez une option [Inscrites en cercle / cercle circonscrit] <I>: i
```

9. Spécifier le rayon à 25.

```
Spécifier le rayon du cercle: 25
```

dix. Vous pouvez voir le polygone créé, mais inscrit dans le cercle.

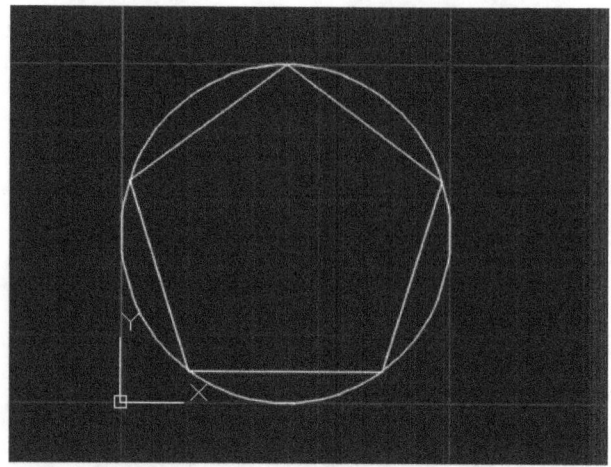

Pic 3,64 Polygone inséré à l'intérieur du cercle

Si vous voulez créer un polygone circonscrite. Utilisez les étapes ci-dessous:

1. Type « polygone » dans l'invite de commande

2. Indiquez le centre de 25,25.

```
Commande: POLYGONE
Entrez le nombre de côtés <5>:
Spécifiez le centre du polygone ou [Bord]: 25,25
```

3. Type C pour indiquer circonscrite.

```
Entrez une option [Inscrites en cercle / cercle circonscrit] <I>: C
```

4. Définir le rayon du cercle = 25.

```
Spécifier le rayon du cercle: 25
```

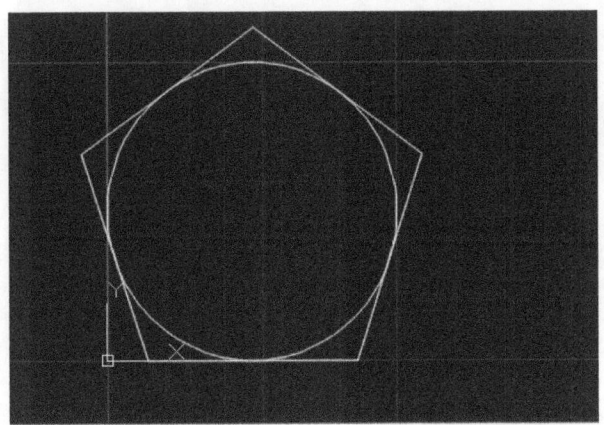

Pic 3,65 Le polygone circonscrit inséré

5. Vous pouvez comparer le yang polygone inscrit di Dalam atau di Luar Lingkaran Seperti berikut ini:

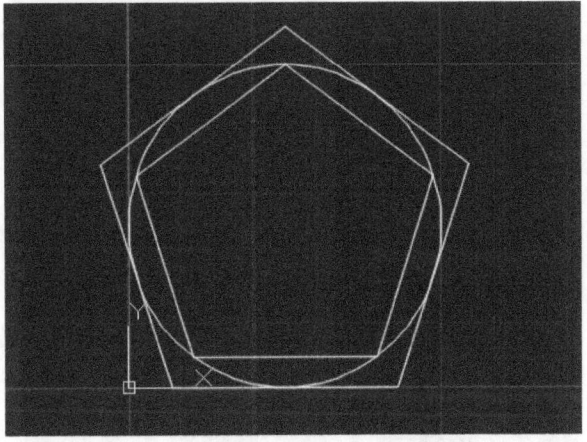

Pic 3,66 Polygones créé

3.2.7 dessin Ellipse

Pour dessiner une ellipse, vous devez définir l'axe long et l'axe court, voir image ci-dessous pour les détails

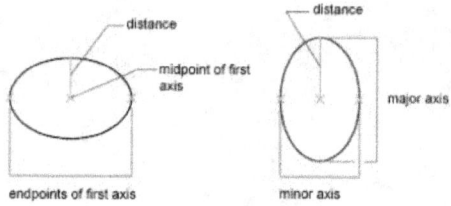

Pic 3,67 dessin Ellipse

Voici les étapes pour créer une ellipse:

1. Tapez « ellipse » pour créer une ellipse.

2. Spécifier le point de fin de l'axe de 100,50.

3. Indiquez autre extrémité de l'axe à 0,50.

4. Spécifier la distance à 20.

```
Commande: Ellipse
Spécifiez l'extrémité de l'axe de l'ellipse ou [L'arc / Centre]:
100,50
Indiquez autre extrémité de l'axe: 0,50
Spécifier la distance à un autre axe ou [Rotation]: 20
```

5. L'ellipse sera créé.

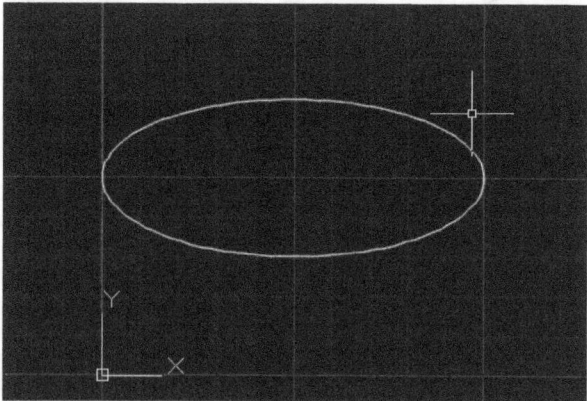

Pic 3,68 Ellipse créé

Vous pouvez créer l'arc de l'ellipse. Voir les étapes ci-dessous:

1. Exécuter la commande « ellipse ».

2. Choisis un pour spécifier l'arc.

```
Commande: Ellipse
Spécifiez l'extrémité de l'axe de l'ellipse ou [L'arc / Centre]: A
```

3. Spécifier le point de fin de l'axe de 100,0.

4. Spécifier un autre point d'extrémité de l'axe à 0,0.

```
Spécifiez l'extrémité de l'axe de l'arc ou [Centre] elliptique:
100,0
Indiquez autre extrémité de l'axe: 0,0
```

5. Spécifier la distance à un autre axe = 30 pour créer l'ellipse.

```
Spécifier la distance à un autre axe ou [Rotation]: 30
```

6. Spécifier angle commencer à 50 et l'angle d'extrémité à 10.

```
Spécifiez l'angle de départ ou [Paramètre]: 50
Spécifier angle d'extrémité ou [Paramètre / angle inclus]: 10
```

7. Ellipse l'arc sera créé.

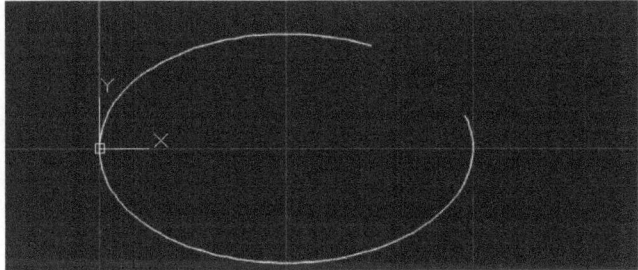

Pic 3,69 Ellipse l'arc créé

Vous pouvez également créer une ellipse pivotée, voir étapes ci-dessous:

1. Tapez « ellipse » dans la ligne de commande.

2. Spécifiez le point final de l'ellipse à 100,0.

3. Spécifiez un autre point final de l'ellipse à 0,50.

```
Commande: Ellipse
Spécifiez l'extrémité de l'axe de l'ellipse ou [L'arc / Centre]:
100,0
Indiquez autre extrémité de l'axe: 0,50
```

4. Spécifiez la distance à 45.

```
Spécifier la distance à un autre axe ou [Rotation]: 45
```

5. Spécifier une rotation à 45.

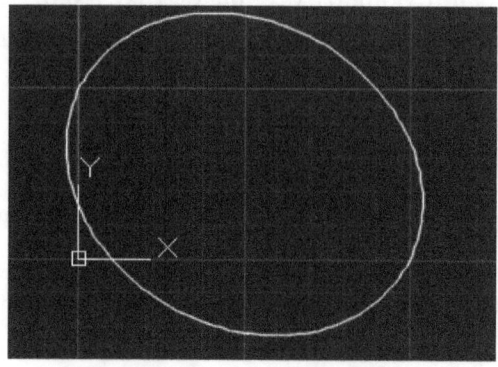

Pic 3,70 Tourné l'arc créé

3.2.8 dessin Hatch

zone Certains peuvent être éclos, vous pouvez également définir le type de trappe, voir l'exemple ci-dessous pour trappe dessin:

1. Créer deux objets. Un cercle et un polygone à nombre de côtés = 5.

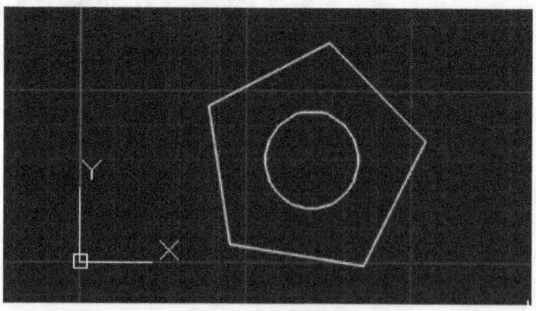

Pic 3,71 Création de deux objets, cercle et polygone

2. Sélectionnez les deux objets de votre souris.

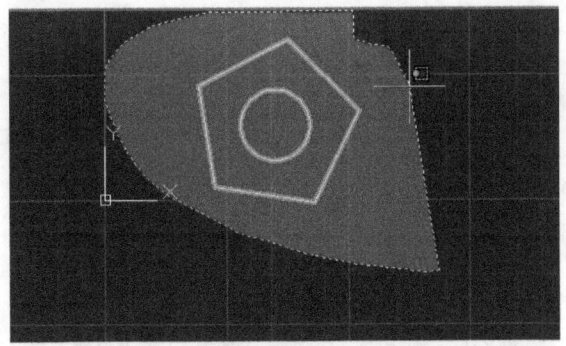

Pic 3,72 Sélection d'objets

3. Les deux objets sélectionnés, voir ci-dessous image:

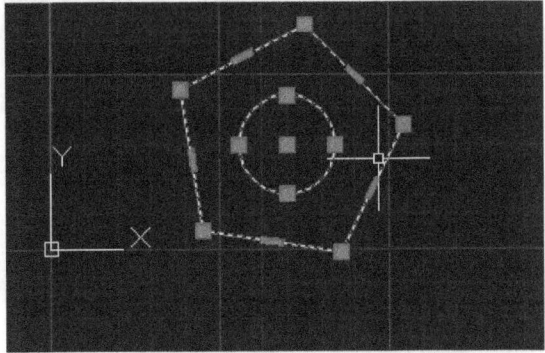

Pic 3,73 Les deux objets sélectionnés

4. Faites un clic droit jusqu'à ce que le menu contextuel apparaît et sélectionnez Groupe> Groupe.

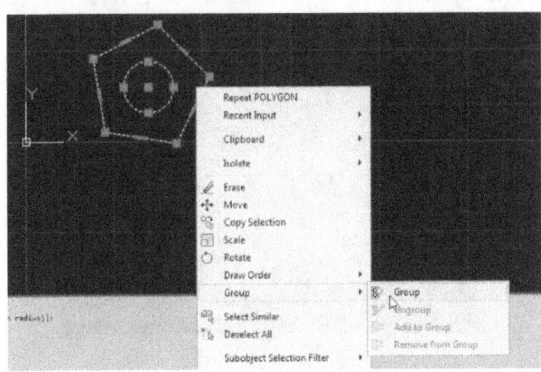

Pic 3,74 Choisir groupe> Menu groupe

5. Les objets seront regroupés, puis choisissez l'objet.

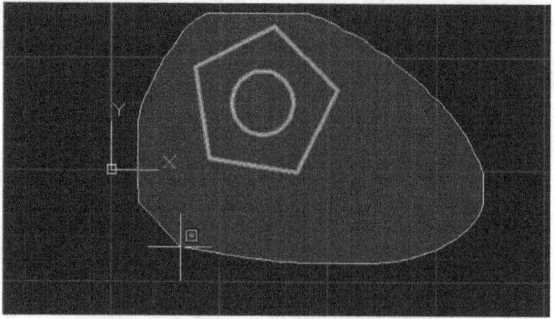

Pic 3.75 Sélectionnez l'objet groupé

6. Après sélectionné, vous pouvez voir le objedevenir une entité EVC (car il est déjà groupé à l'aide du groupe> Menu groupe).

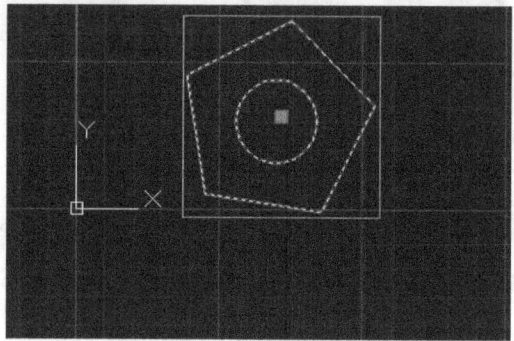

Pic 3,76 Groupés objet

7. Pour éclosent zone entre le cercle et le polygone, cliquez sur **la trappe** Accueil> Dessine boîte.

Pic 3,77 Cliquez sur le bouton Hatch

8. Dans la zone de motif, cliquez sur le bouton fléché pour afficher plus de motifs.

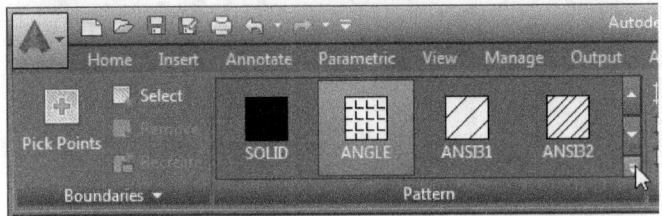

Pic 3,78 Cliquez sur la flèche pour afficher d'autres modèles

9. Vous pouvez voir la liste des motifs de trappe.

Pic 3,79 motifs Hatch

dix. Après avoir sélectionné le modèle, cliquez sur la zone.

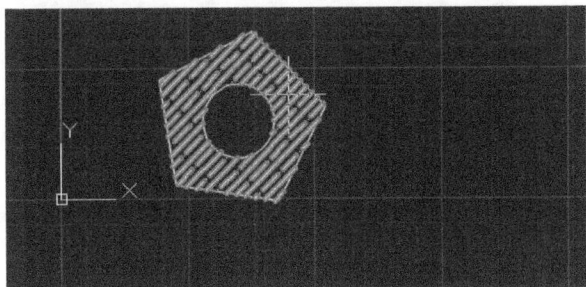

Pic 3,80 Cliquez sur la zone à hachurer

11. La trappe sera créé:

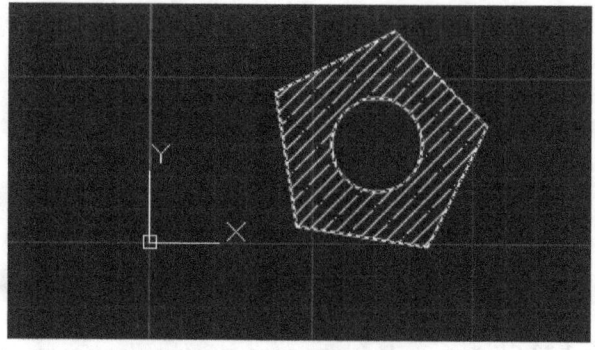

Pic 3,81 zone hachurée

3.2.9 dessin Spline

commande Spline est utilisé pour créer la ligne sinueuse. Vous pouvez utiliser la méthode Fit ou la méthode de CV. Voir tutoriel ci-dessous:

1. Exécutez la commande « cannelée » dans AutoCAD.

```
Commande: SPLINE
Paramètres actuels: Méthode = Fit = Nœuds Chord
```

2. Spécifier le premier point à 0,0 et le point suivant à 25,25.

```
Spécifier le premier point ou [Méthode / Noeuds / Objet]: 0,0
Entrez le point suivant ou [démarrer Tangence / TOLÉRANCE]: 25,25
```

3. Spécifiez le point suivant à 75,25 et 50,0

```
Entrez le point suivant ou [fin Tangence / TOLÉRANCE / Annuler]:
50,0
Entrez le point suivant ou [fin Tangence / TOLÉRANCE / Annuler /
Fermer]: 75,25
```

4. Spécifiez le point suivant et 50 à 100,0, -50. Cliquez ensuite sur C sur votre clavier pour fermer spline.

```
Entrez le point suivant ou [fin Tangence / TOLÉRANCE / Annuler /
Fermer]: 100,0
Entrez le point suivant ou [fin Tangence / TOLÉRANCE / Annuler /
Fermer]: 50, -50
Entrez le point suivant ou [fin Tangence / TOLÉRANCE / Annuler /
Fermer]: C
```

5. Voir image ci-dessousture pour voir le résultat spline:

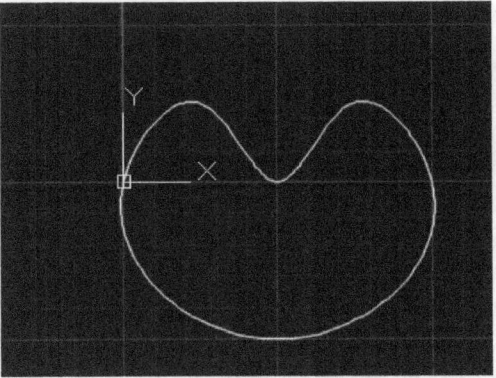

Pic 3,82 Résultat Spline

Spline peut également utiliser la méthode CV. Voir les étapes ci-dessous:

1. Entrez la commande « cannelée » et cliquez sur « m » sur votre clavier Procédé pour spécifier.

```
Commande: SPLINE
Spécifier le premier point ou [Méthode / degré / Objet]: m
```

2. Insérer cv à choisir la méthode de cv pour la création de spline.

```
Entrez méthode de création spline [Ajuster / CV] <CV>: cv
Paramètres actuels: Méthode = CV Degré = 3
```

3. Spécifier le premier point à 0,0 et le point suivant à 25,25.

```
Spécifiez le premier point ou [Méthode / degré / objet]: 0,0
Entrez le point suivant: 25,25
```

4. Spécifiez le point suivant à 75,25 et 50,0.

```
Entrez le point suivant ou [Annuler]: 50,0
Entrez le point suivant ou [Fermer / Annuler]: 75,25
```

5. Insérer le point suivant et cliquez sur C 100,0 butotn de votre clavier pour fermer la spline.

```
Entrez le point suivant ou [Fermer / Annuler]: 100,0
Entrez le point suivant ou [Fermer / Annuler]: C
```

6. Voir image ci-dessous pour le résultat.

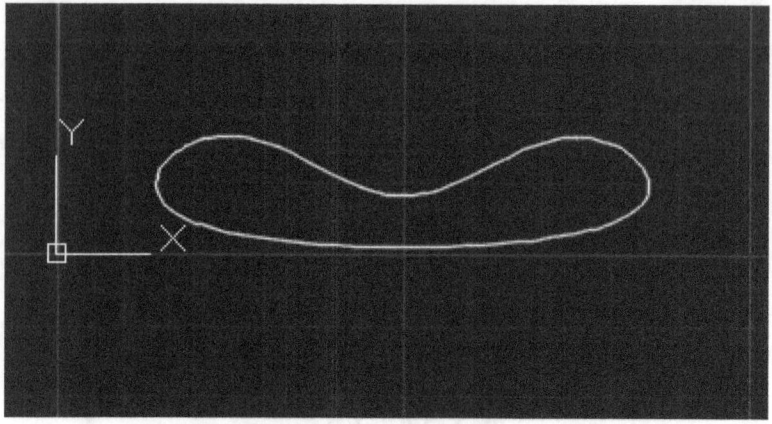

Pic 3,83 résultat Spline créé avec la méthode de cv

✓ ***Exercice Dessin avec la commande Spline***

Poursuivre notre exercice précédent en 3.2.5, créez un Spline à partir du point central. Avec l'outil Spline, vous pouvez créer une connexion continue des points sinus courbe. Tout d'abord, vous entrez dans la distance, suivi de l'angle. Si vous avez fait un type d'erreur dans « U » et appuyez sur Entrée pour annuler la dernière étape. Entrer les coordonnées polaires suivantes: 20/30 ° 5/300 °, à 5/55 °, à 10/30 ° 5/320 °. Terminer par un angle de 230 ° sur l'ellipse. Maintenant, tapez dans un « T » pour mettre fin à Tangence et tapez 190 ° pour l'angle et appuyez sur Entrée.

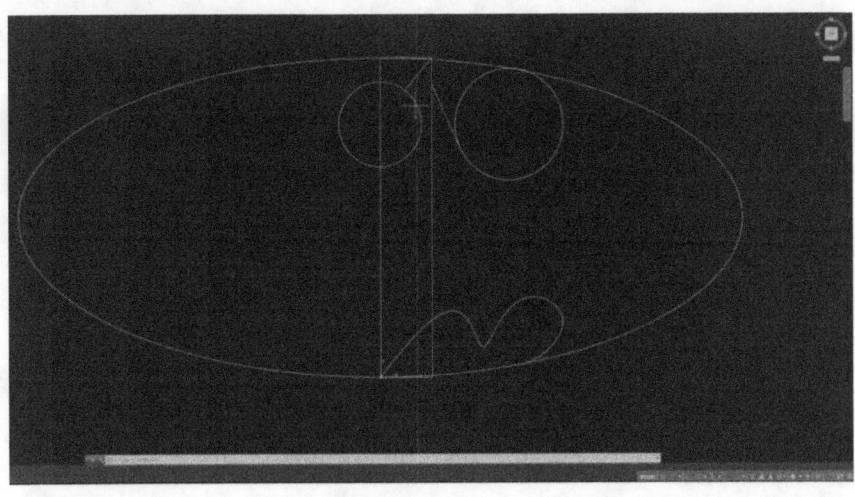

3.2.10 dessin XLINE

Xline est ligne infinie, couramment utilisé dans le dessin de la construction. commande Xline vous permet de créer la ligne infinie juste en spécifiant deux points.

Voir tutoriel ci-dessous pour dessiner XLINE:

1. Exécuter la commande « xline ».

2. Spécifier le premier point à 50,0.

3. Spécifier second point à 50,10.

```
Commande: XLINE
Spécifier un point ou [Hor / Ver / Ang / Bisect / Offset]: 50,0
Spécifiez par le point: 50,10
```

4. Une ligne verticale infinie qui passe deux points spécifiés sera créé.

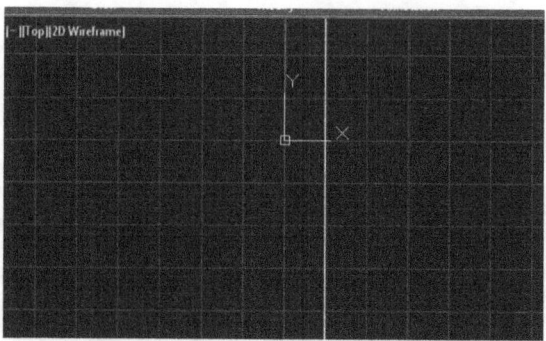

Pic 3,84 Infini ligne verticale créé avec xline

5. Pour créer la ligne horizontale infinie, tapez « xline ».

6. Ensemble le premier point à 50,50 et le deuxième point à 100,50.

```
Commande: XLINE
Spécifier un point ou [Hor / Ver / Ang / Bisect / Offset]: 50,50
Spécifiez par le point: 100,50
```

7. Un xline horizontal sera créé qui passe les deux points.

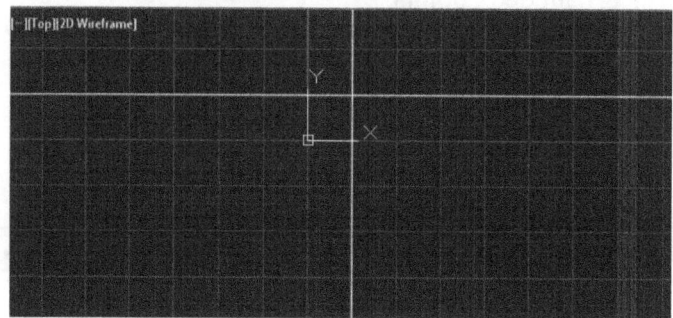

Pic 3,85 xline horizontal créé

8. Pour créer xline avec un angle spécifié, d'abord exécuter « xline ».

9. Choisissez « un » pour Angle en cliquant sur le bouton « A » de votre clavier.

dix. Set angle à 30 degrés.

11. Spécifiez le point à 50,50.

```
Commande: XLINE
Spécifier un point ou [Hor / Ver / Ang / Bisect / Offset]: a
```

```
Entrez l'angle de xline (0) ou [Référence]: 30
Spécifiez par le point: 50,50
```

12.   Voir image ci-dessous pour le résultat.

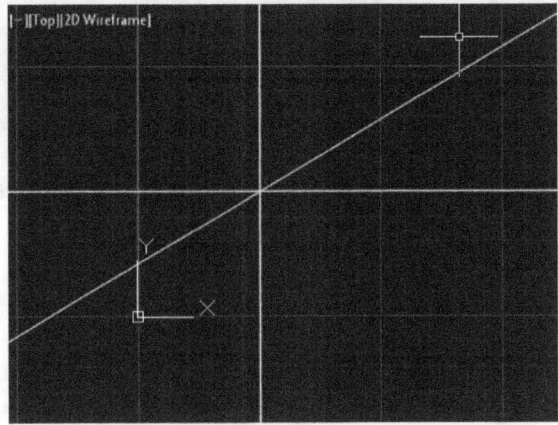

Pic 3,86 Xline avec angle

3.2.11 dessin RAY

Ray similaire avec xline, mais ray ont le point de départ. Voir tutoriel ci-dessous pour créer la ligne de rayons:

1. Tapez la ligne Ray « ray ».

2. Spécifiez le point de départ à 50,50.

3. Spécifiez le point jusqu'à 75,75 et 100,50 et 100,25.

```
Commande: _ray Spécifiez Point de départ: 50,50
Spécifiez par le point: 75,75
Spécifiez par le point: 100,50
Spécifiez par le point: 100,25
```

4. Le résultat sera comme ci-dessous:

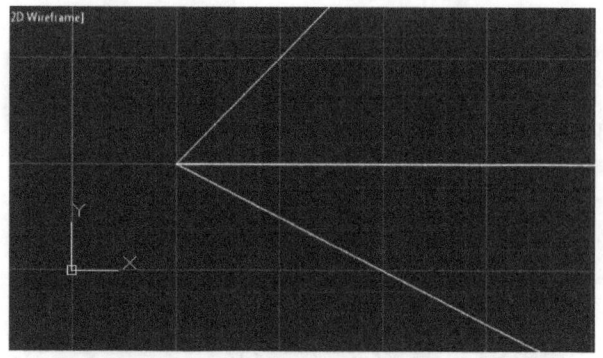

Pic 3.87 Création en ligne avec commande Ray

3.2.12 Diviser

commande DIVIDE divise ligne ou un objet de certains segments. Ceci est approprié pour la création de l'annotation de dimension. Voir tutoriel ci-dessous pour les détails:

1. Par exemple, il y a une ligne que je veux diviser en segments.

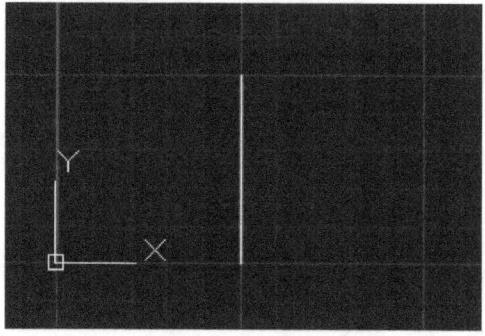

Pic 3,88 Une ligne de diviser

2. Tapez « diviser » ou cliquez sur le bouton Diviser **Accueil> Tirage au sort**.

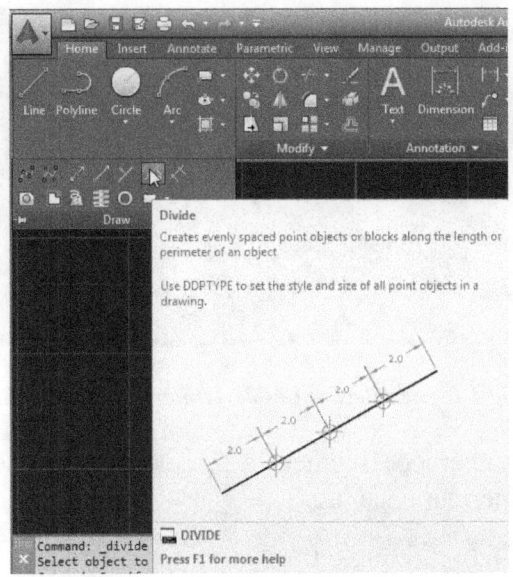

Pic 3,89 Cliquez sur le bouton Diviser

3. Sélectionnez cette ligne.

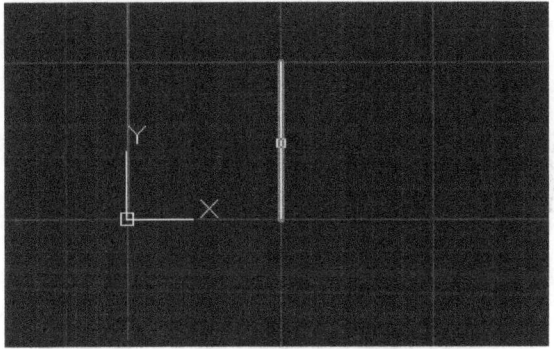

Pic 3,90 Cliquez sur la ligne

4. Sélectionnez la ligne que vous voulez diviser, ligne sélectionnée deviendra la ligne en pointillés.

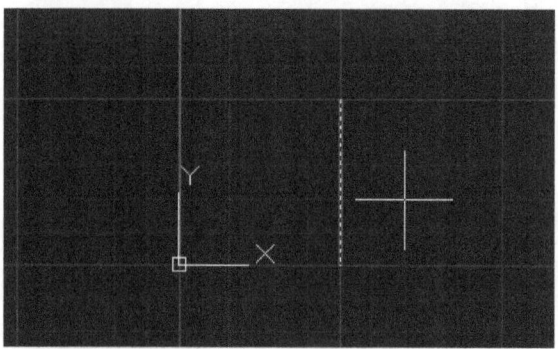

Pic 3,91 Ligne sélectionnés deviennent ligne en pointillé

5. Entrer le numéro de segment à 5, cela créera 5 segments ou 4 points à l'intérieur de la ligne.

```
Commande: _divide
Sélectionnez l'objet à diviser:
Entrez le nombre de segments ou [bloc]: 5
```

6. Si la ligne déplacée, vous pouvez voir 4 points, les points ont été créés par la commande « diviser ».

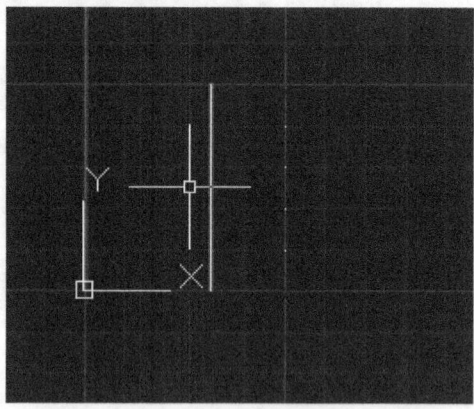

Pic 3,92 Quatre points qui divisent la ligne à 5 segments déjà créés

3.2.13 dessin Helix

commande hélice crée hélice objet. Il suffit de spécifier le diamètre inférieur, diamètre supérieur et la hauteur. Voir l'exemple ci-dessous:

1. Type « hélice » dans l'invite de commande.

```
Commande: HELICE
Nombre de tours = 3,0000 Twist = CCW
```

2. Spécifiez le point central de la base à 50,50. Indiquez ensuite le rayon de base 30 et le rayon de haut à 30. Dans cet exemple, j'utilise même rayon pour le haut et la base.

3. Spécifiez la hauteur à 50.

```
Spécifier le point central de la base: 50,50
Spécifier rayon base ou [Diamètre] <22,3607>: 30
Spécifier rayon supérieur ou [Diamètre] <30,0000>: 30
Spécifier la hauteur de l'hélice ou [point d'extrémité d'axe /
tours / tour de taille Hauteur / torsion] <50,9902>: 50
```

4. L'hélice sera créé.

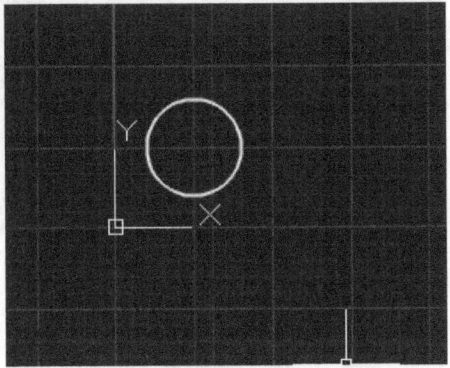

Pic 3,93 Helix créé

5. Ce que vous voyez est le cercle parce que l'hélice est un objet 3D, et vous ne voyez que du haut. Pour voir d'un côté, changer le navigateur WCS.

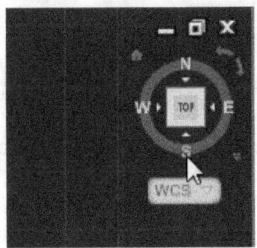

Pic 3,94 Modification du navigateur WCS

6. Changer la vue à l'avant.

Pic 3,95 WCS Changer vue à l'avant

7. Voir image ci-dessous pour l'hélice vu de la vue latérale.

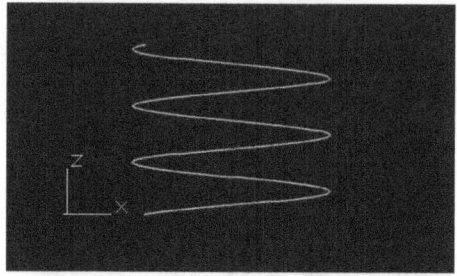

Pic 3,96 Helix vu en vue latérale

8. Retour à nouveau en haut de page vue.

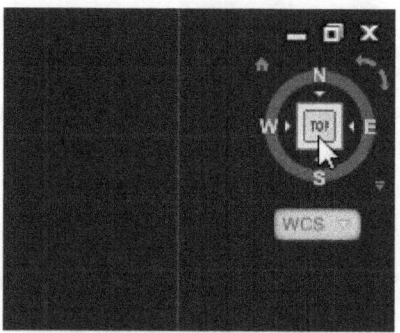

Pic 3,97 Retour à la vue vers le haut

9. L'hélice sera cercle de plus, parce que le rayon de la base = rayon supérieur.

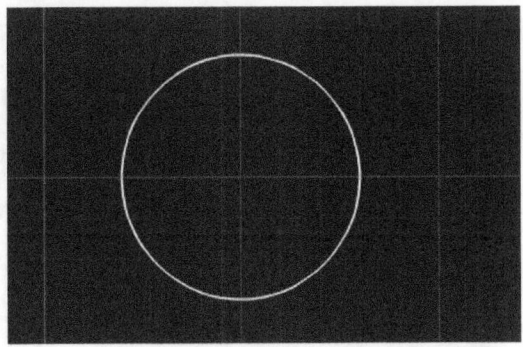

Pic 3,98 Helix vue de dessus

3.2.14 dessin Donut

Donut commande utilisée pour créer un objet similaire à beignet, qui est un cercle de diamètre intérieur et diamètre extérieur. Voir l'exemple suivant:

1. Tapez la commande « donut ».

2. Situé à l'intérieur de diamètre à 50 et de diamètre extérieur 70.

```
Commande: beignet
Spécifier le diamètre intérieur de beignet <50,0000>: 50
Spécifiez le diamètre extérieur du beignet <70,0000>: 70
```

3. Spécifiez coordonnées du centre à 50,50.

```
Spécifiez centre de beigne ou <sortie>: 50,50
```

4. Voir le résultat dans l'image ci-dessous.

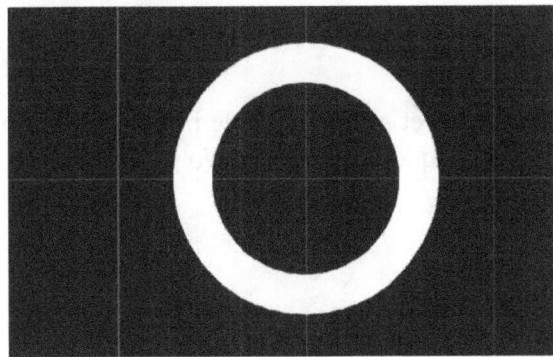

Pic 3,99 Donut créé

3.3   Modifier 2D Dessin

Le dessin 2D déjà créé, peut être modifié à nouveau. AutoCAD a beaucoup de fonctions pour accueillir la modification.

3.3.1 Bouge toi

Déplacer commande utilisée pour déplacer l'objet existant vers un autre endroit. Il est courant d'utiliser la coordination de coordonnées relatives ou polaire pour déplacer l'objet. Voir l'exemple ci-dessous:

1. Par exemple, j'ai l'objet comme celui-ci.

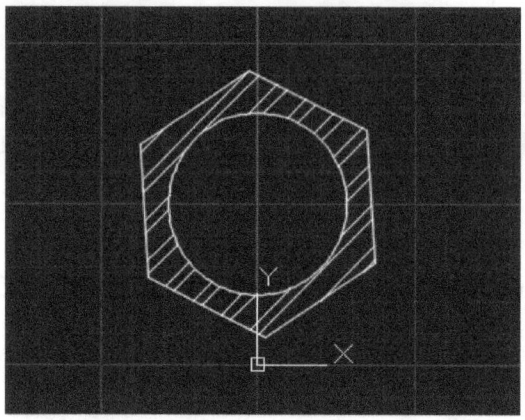

Pic 3,200 objet qui sera déplacé

2. Tapez « déplacer », puis choisissez l'objet que vous souhaitez déplacer.

```
Commande: MOVE
Sélectionner des objets: 3 objets trouvés, 1 groupe
Sélectionnez des objets: cliquez sur objet
```

3. Cliquez sur l'objet, et sélectionnez le point de base en insérant de coordonnées ou cliquez sur l'aide de votre souris.

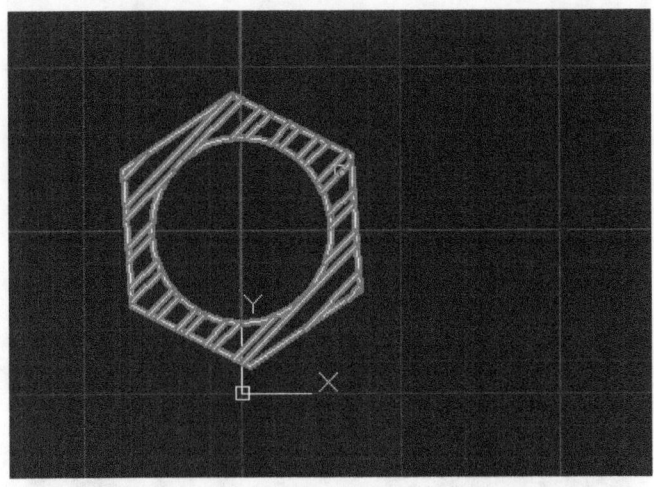

Pic 3,201 Cliquez sur l'objet

4. Spécifiez le point de base.

```
Spécifiez le point de base ou [Déplacement] <Déplacement>: cliquez
sur
```

5. Par exemple, j'utiliser mon centre de cercle comme point de base.

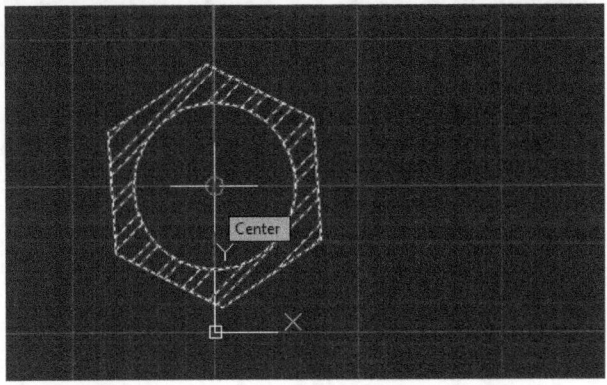

Pic 3,202 Cliquez sur le centre de l'objet

6. Spécifiez le deuxième point où vous souhaitez les coordonnées de la base pour être déplacé dans.

```
Spécifier second point ou <utiliser le premier point comme
déplacement>:
```

7. Lorsque vous voulez cliquer, vous pouvez voir l'aperçu de l'objet.

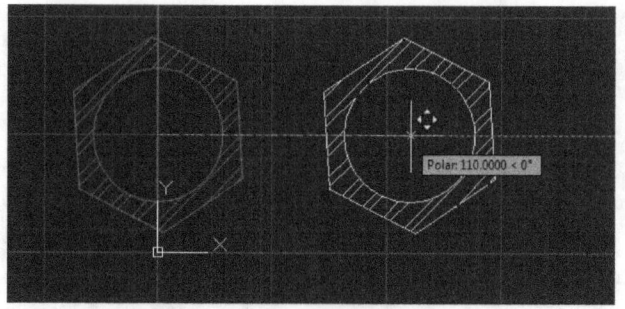

Pic 3,203 position initiale et finale

8. Cliquez sur Entrée, l'objet sera nouvelle position.

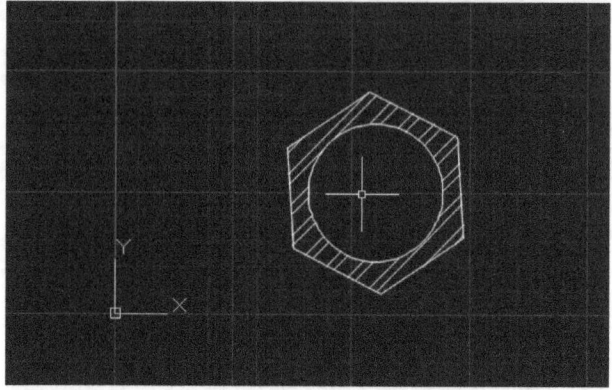

Pic 3,204 position de Nouvel objet

3.3.2 Tourner

Tourner commande tourne objet en se basant sur le point de base et les degrés de rotation. Voir l'exemple ci-dessous:

1. Par exemple, je objet sur l 'image ci-dessous:

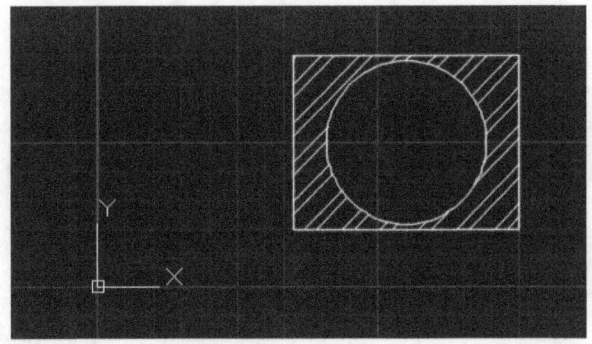

Pic 3,205 objet de tourner

2. Type rotate, puis sélectionnez l'objet que vous souhaitez faire pivoter.

```
Commande: TOURNER
angle positif actuelle UCS: ANGDIR = anti-horaire = 0 ANGBASE
Sélectionner des objets: 3 objets trouvés, 1 groupe
Sélectionnez des objets: [cliquez sur l'objet]
```

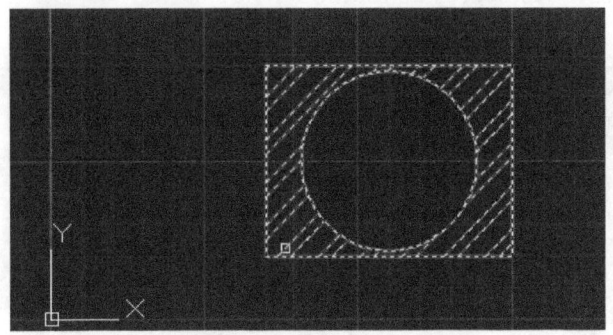

Pic 3,206 Sélection de l'objet

3. Spécifier le point de base de rotation.

```
Spécifiez le point de base: [cliquez sur le point de base]
```

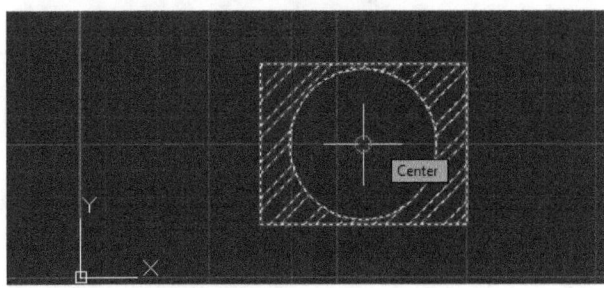

4. Si déjà cliqué, l'icône de rotation apparaît.

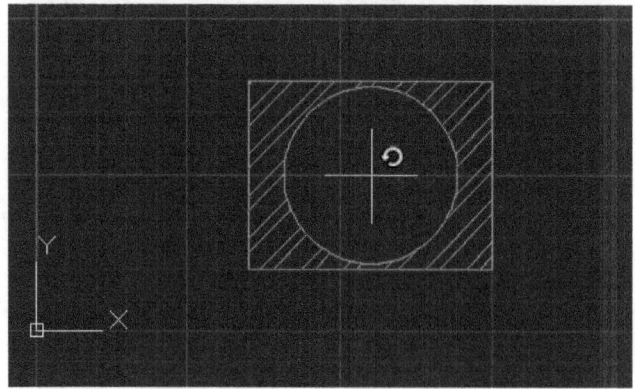

Pic 3,208 icône Rotation apparaît

5. Définissez les degrés de rotation à -45.

```
Spécifiez l'angle de rotation ou [Copier / Référence] <0>: -45
```

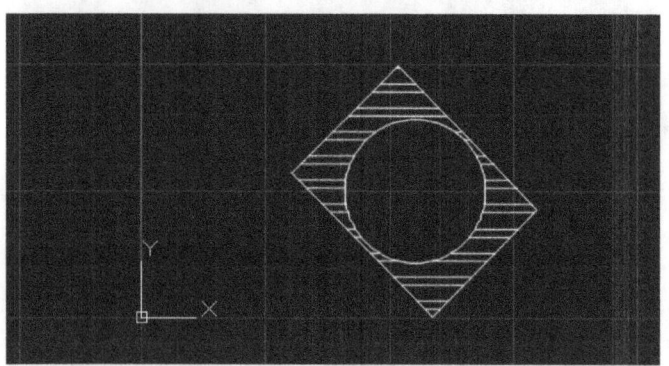

Pic 3,209 objet après la rotation de -45 à partir du centre du cercle en tant que point de base

6. Vous pouvez également faire pivoter à 90 degrés:

```
Commande: TOURNER
angle positif actuelle UCS: ANGDIR = anti-horaire = 0 ANGBASE
Fenêtre Lasso Appuyez sur la barre d'espace pour faire défiler
options3 trouvé, 1 groupe
Sélectionner des objets:
Spécifiez le point de base:
Spécifiez l'angle de rotation ou [Copier / Référence] <45>: 90
```

7. L'objet sera tourné de 90 degrés.

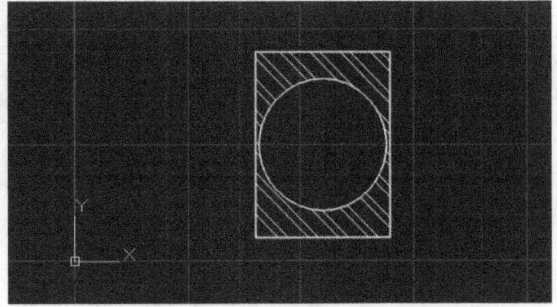

Pic 3,210 objet 90 degrés rotation

3.3.3 Réduire

Garniture commande certaine partie de versions d'objets. Voir les étapes ci-dessous pour voir l'exemple de la fonction TRIM:

1. Par exemple, il y a trois objets de cercle.

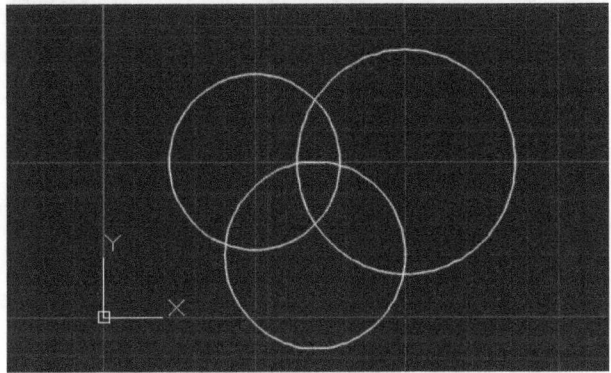

Pic 3,211 Trois objets cercle

2. Vous découpez la partie intérieure de l'intersection. Tapez « couper d'abord ».

3. Sélectionnez tous les objets.

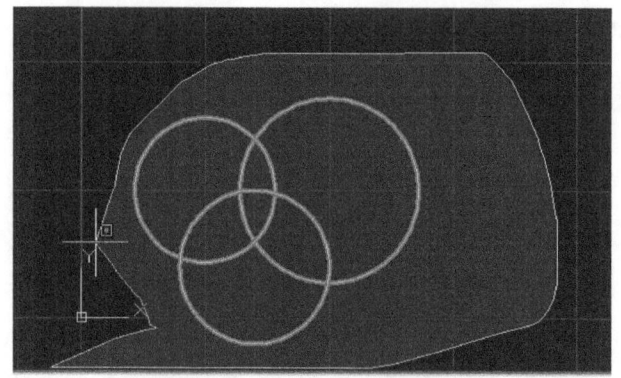

Pic 3,212 Sélectionner tous les objets

4. Les objets sélectionnés seront devenant ligne en pointillés.

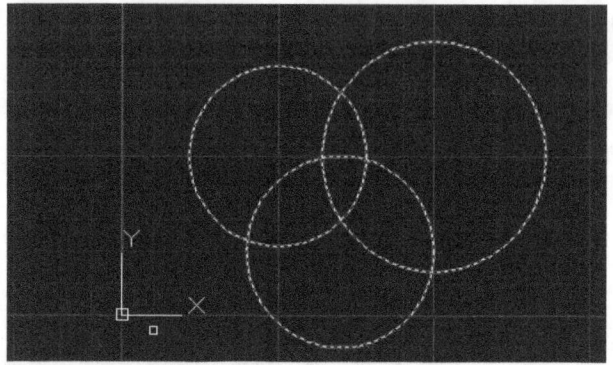

Pic 3.213 objets sélectionnés en pointillé

5. Cliquez sur les segments que vous voulez couper.

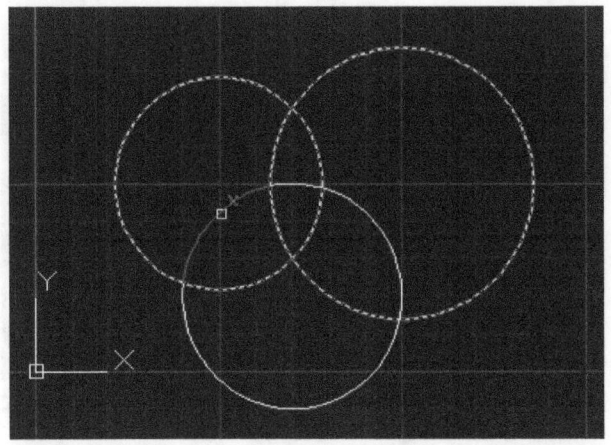

Pic 3,214 Cliquez sur les segments que vous souhaitez rogner

6. Le segment que vous cliquez sur disparaîtra / coupé. Si ERASE efface tous l'objet, l'assiette efface le segment d'objet sélectionné.

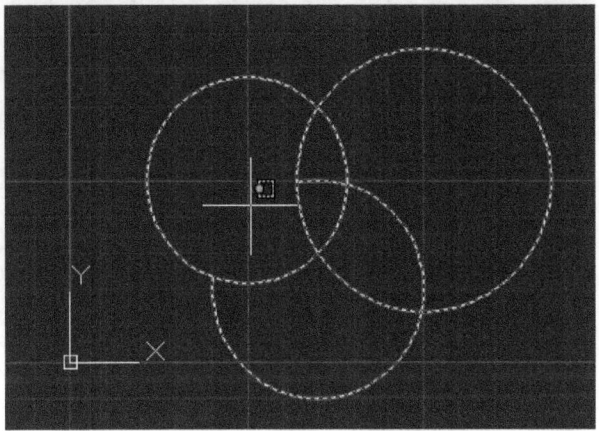

Pic 3,215 disparait segment Taillées

7. Vous pouvez cliquer sur autre segment pour couper.

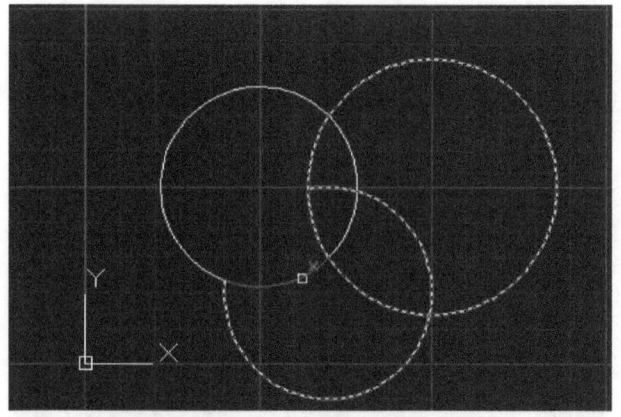

Pic 3,216 En cliquant autre segment de rogner

8. L'autre segment diasppear aussi.

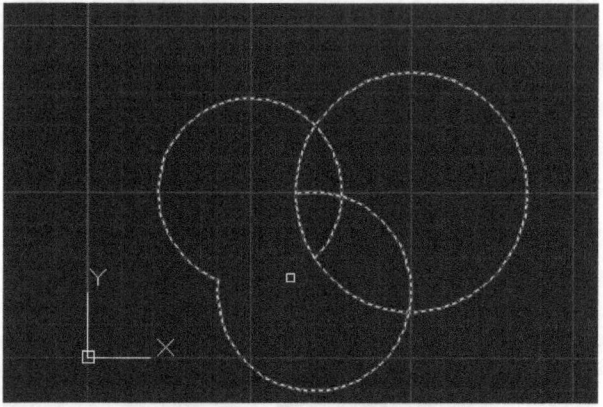

Pic 3,217 Deuxième segment disparaît

9. Vous pouvez cliquer sur autre segment pour le couper.

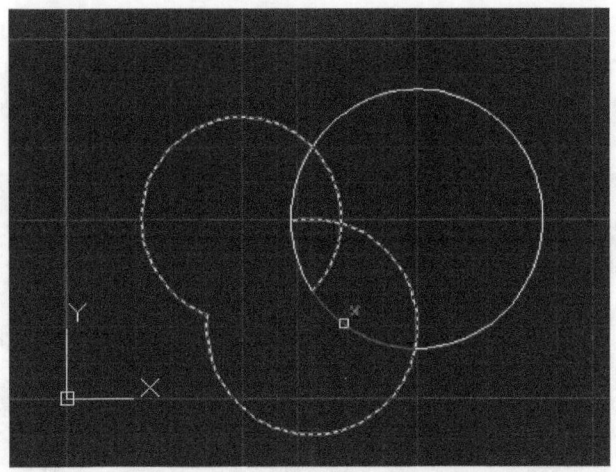

Pic 3,218 Sélection du segment

dix. résultat final sera comme ci-dessous:

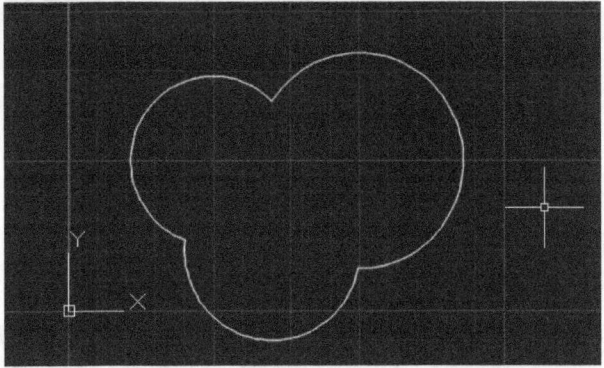

Pic 3,219 Résultat du processus garniture

✓ *__Exercice Dessin avec la commande Garniture__*

La commande Trim permet de supprimer des lignes supplémentaires jusqu'à un point d'intersection. Vous pouvez également passer à effacer dans le commande Version en tapant R. Cela supprime les lignes qui ne se croisent pas. Cela supprime les lignes qui ne se croisent pas, comme la commande Supprimer. Lancez la commande Version et appuyez sur Entrée pour sélectionner l'esquisse ensemble pour la coupe. Couper les lignes en surplomb comme indiqué dans l'image. Si vous avez accidentellement supprimé une ligne, tapez « U » pour le défaire. Jetez aussi un coup d'oeil près toutes les lignes coincées entre les petits bords. Ceux-ci engendreront très probablement des problèmes dans le processus d'extrusion qui transforme l'esquisse en 3D. Appuyez sur Entrée pour confirmer lorsque vous avez terminé.

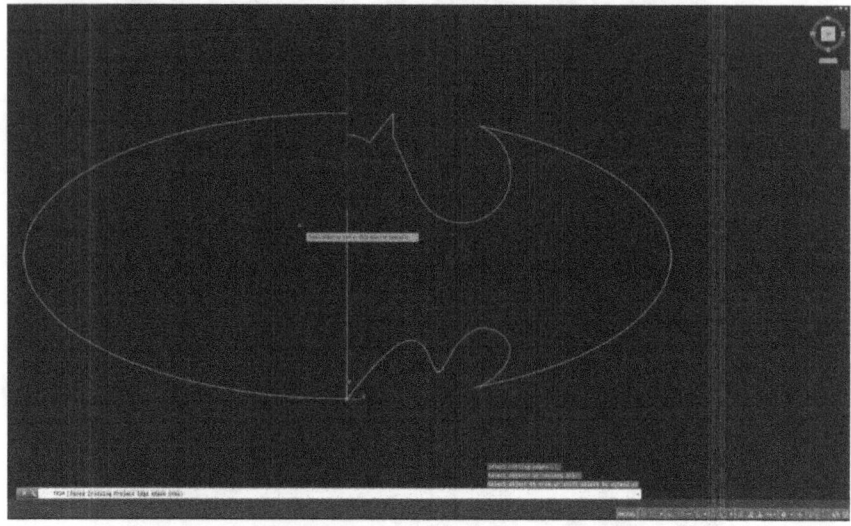

Ensuite, sélectionnez la ligne au milieu et l'ellipse libre sur la gauche et le supprimer. Enfin, sélectionnez la petite ligne d'ellipse dans le triangle supérieur et supprimer ainsi.

Après la coupe et vous devriez obtenir ceci effacer.

3.3.4 Étendre

Elargir commande étend la ligne ou l'arc à certains objets. Voir l'exemple ci-dessous pour plus avancé:

1. Par exemple, il y a un l'arc et une ligne. L'arc va être étendue à la ligne.

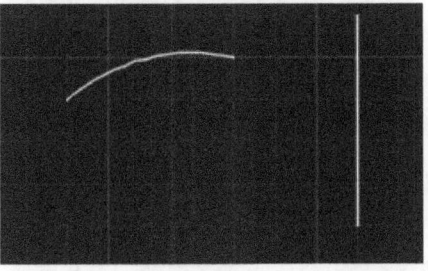

Pic 3,220 Un arc et une ligne

2. Tapez la commande « étendre ».

3. Sélectionnez tous les objets.

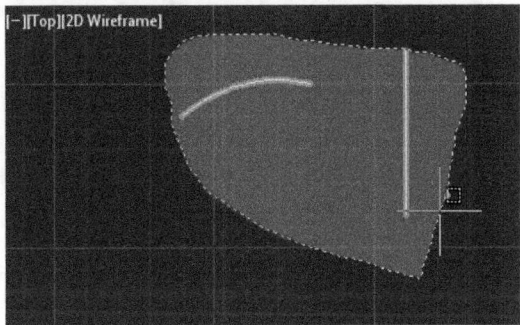

Pic 3,221 Sélection de tous les objets

4. Les deux objets deviennent ligne en pointillés.

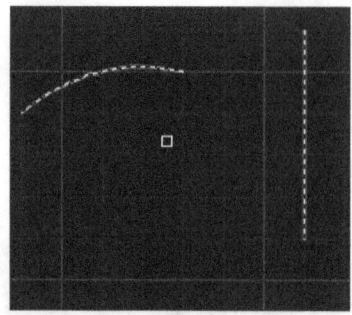

Pic 3.222 objets sélectionnés deviennent ligne en pointillés

5. Cliquez sur l'objet que vous souhaitez étendre, l'objet devient étendu.

```
Sélectionnez l'objet pour étendre ou modifier de sélection pour
couper ou
[Clôture / Traverses / Projet / edge / Annuler]:
```

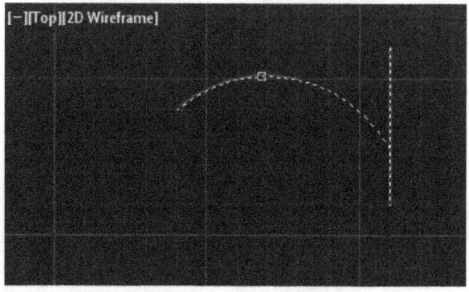

Pic 3,223 objet étendu

6. Voir image ci-dessous pour le résultat.

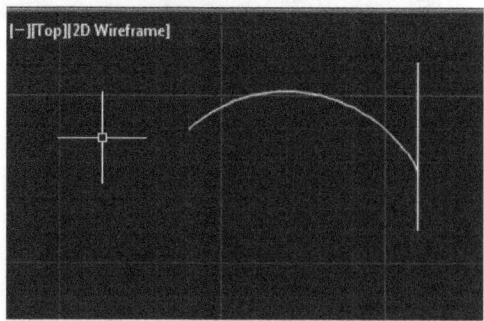

Pic 3,224 L'arc a été étendue

3.3.5 Effacer

Effacer commande efface l'objet sélectionné. Effacer efface toute la partie de l'objet sélectionné, non seulement les segments. Voici comment utiliser l'objet d'effacement:

1. De photo ci-dessous, la trappe sera effacée.

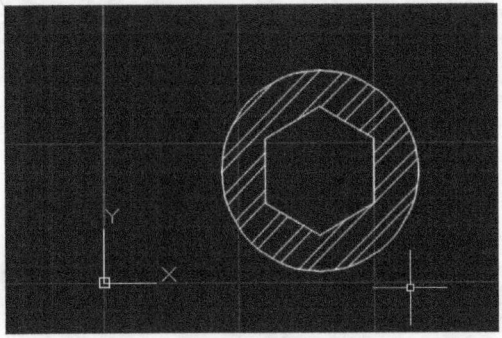

Pic 3,225 La trappe effacée

2. Tapez « effacer » dans le document.

3. icône du pointeur sera modifiée pour effacer le mode.

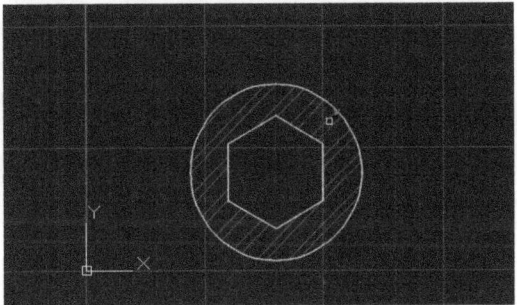

Pic 3,226 pointeur prêt à effacer

4. Cliquez sur la trappe pour effacer et cliquez sur **Entrer**.

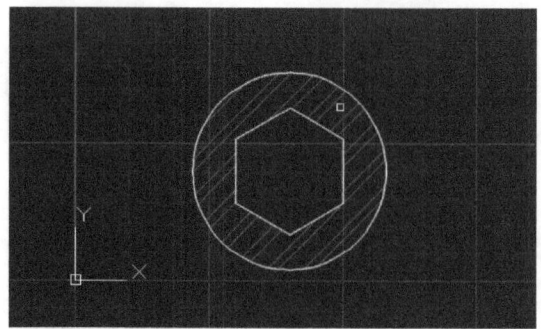

Pic 3,227 Cliquez sur la trappe

5. La trappe sera effacée.

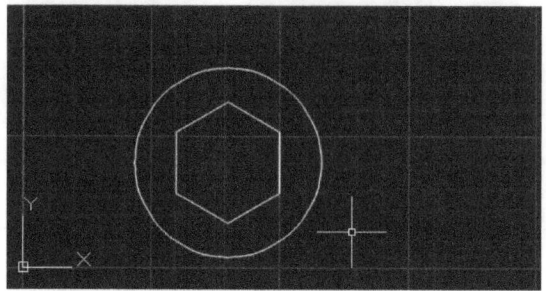

Pic 3,228 objet après l'éclosion effacée

3.3.6 Copie

Copier commande copie objet, où l'objet copié existent encore. Voir l'exemple ci-dessous:

1. Tapez « Copier ».

2. Choisissez l'objet à copier.

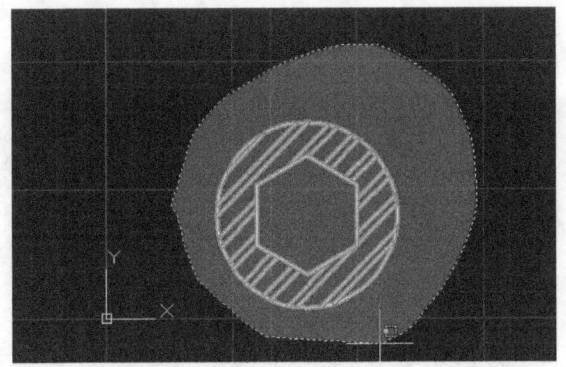

Pic 3,229 Sélection objet à copier

3. Sélectionnez le point de base.

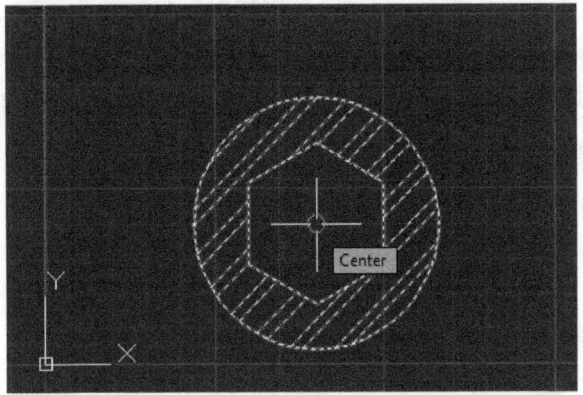

Pic 3,230 Sélection point de base

4. Afficher la nouvelle position, vous pouvez utiliser des coordonnées polaires ou d'un parent.

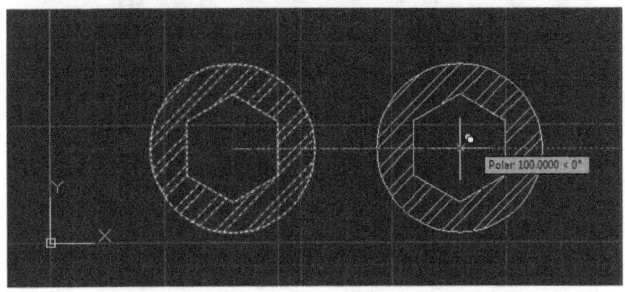

Pic 3,231 Spécifier la nouvelle position

5. Le résultat de la copie sera affichée dans AutoCAD. Et l'objet initial existe toujours.

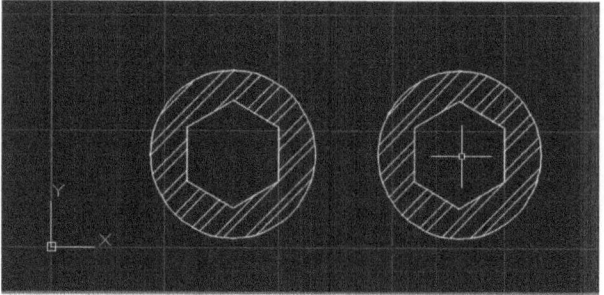

Pic 3,232 résultat de copie

3.3.7 Miroir

Miroir commande objet de miroirs en utilisant une ligne en tant que miroir. Voir étapes ci-dessous par exemple de commande miroir:

1. commande miroir de type ».

2. Select objet que vous souhaitez mettre en miroir.

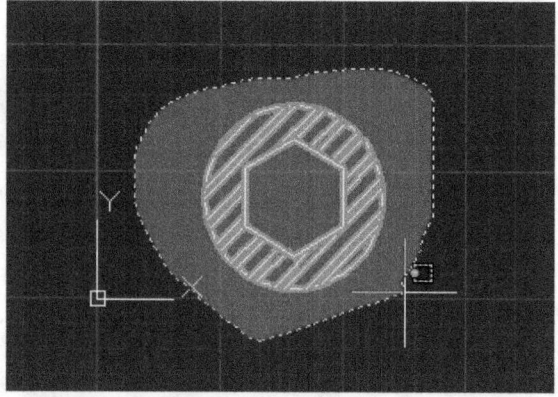

Pic 3,233 Sélection objet

3. L'objet sélectionné deviendra la ligne en pointillés.

4. Spécifier la première ligne pour rendre le miroir.

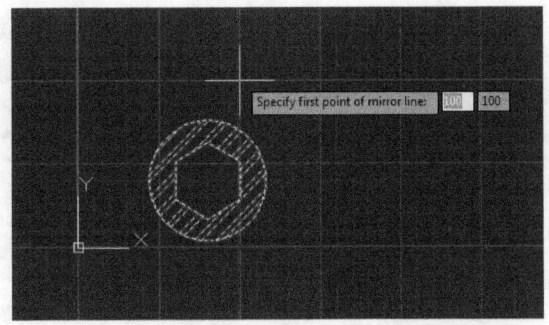

Pic 3,234 première ligne pour le miroir

5. Spécifier la deuxième ligne pour le miroir.

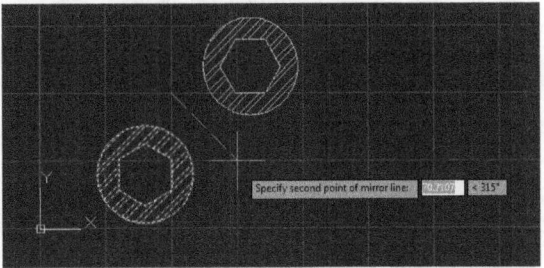

Pic 3,235 Spécifier la deuxième ligne pour le miroir

6. L'objet sera en miroir, et vous demandera si vous voulez l'objet initial ou non?

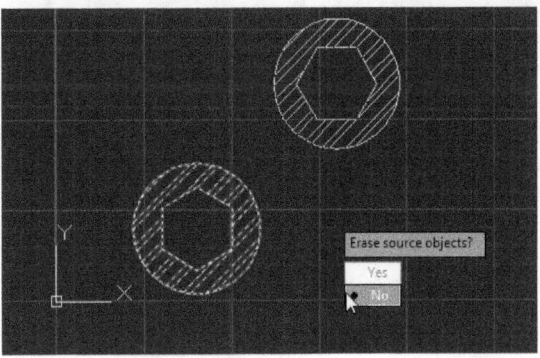

Pic 3,236 Option pour effacer objet initial ou non

7. Vous pouvez voir l'objet initial et l'objet miroir sur la zone de dessin.

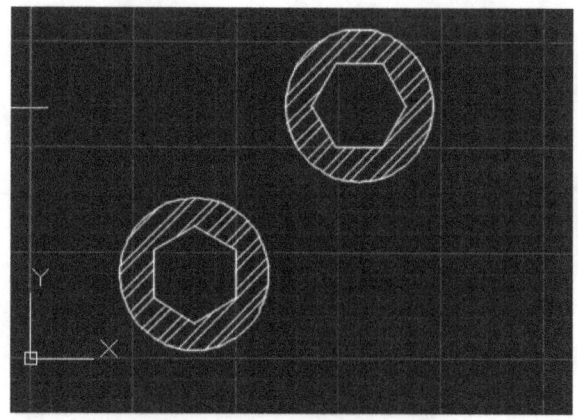

Pic 3,237 zone Mirroring

3.3.8 Filet

Le congé peut être fabriqué à partir de deux lignes, voir l'exemple ci-dessous:

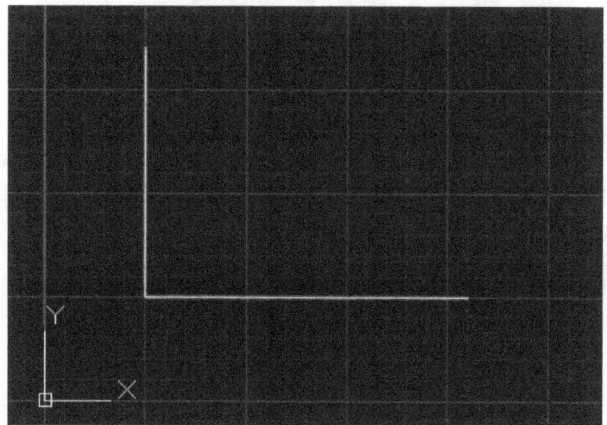

Pic 3,238 Ligne à filleted

Voir exemple ci-dessous sur la façon de créer des filets:

1. Exécutez la commande « filet ».

```
Commande: FILET
Paramètres actuels: Mode = TRIM, Rayon = 0,0000
```

2. Cliquer R et fixé rayon de congé à 40.

```
Sélectionnez premier objet ou [Annuler / Polyligne / Rayon /
Version / Multiple]: R
```

`Spécifier rayon de congé <40,0000>: 40`

3. Cliquez sur la première ligne.

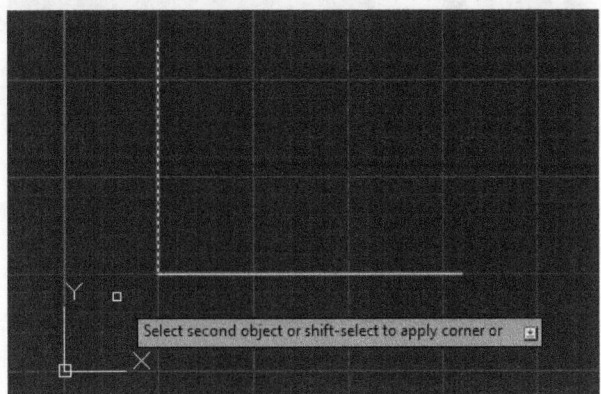

Pic 3,239 Cliquez sur la première ligne

4. Cliquez sur la deuxième ligne.

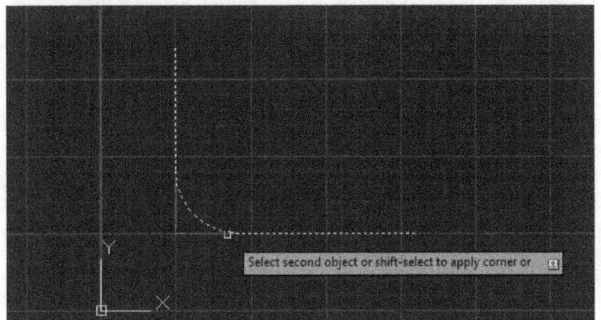

Pic 3,240 filet deuxième

5. Après avoir cliqué sur la deuxième ligne, filet créé automatiquement.

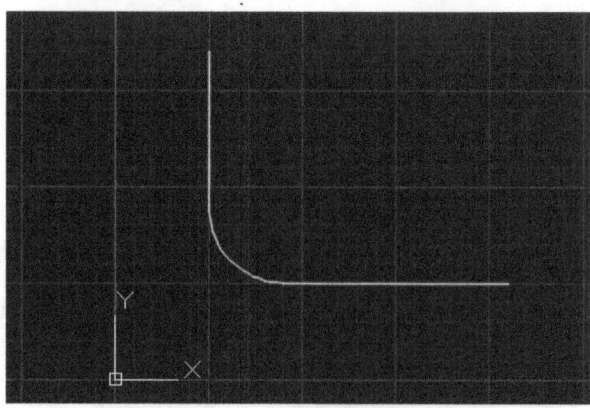

Pic 3,241 résultat Fillet

3.3.9 Chanfrein

Chanfrein similaire à fileter, mais chanfrein est pas l'arc, il est une ligne. Voir l'exemple ci-dessous pour créer chanfrein:

1. Exécuter la commande « chanfrein », cliquez sur D préciser la distance du chanfrein.

```
Commande: _chamfer
(Mode TRIM) chanfrein actuel dist1 = 0,0000, dist2 = 0,0000
Sélectionnez la première ligne ou [Annuler / Polyligne / Distance /
Angle / Version / MÉTHode / Multiple]: D
```

2. Réglez première distance à 40, et la seconde distance par rapport à 40.

```
Spécifiez la première distance de chanfrein <0.0000>: 40
Spécifier seconde distance de chanfrein <40,0000>: 40
```

3. Cliquez sur la première ligne.

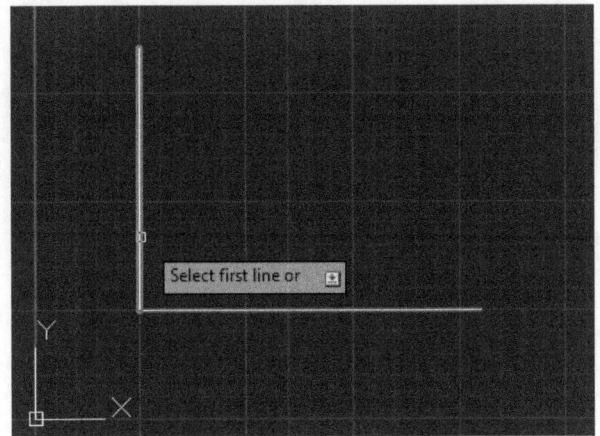

Pic 3,242 Cliquez sur la première ligne

4. Cliquez sur la deuxième ligne.

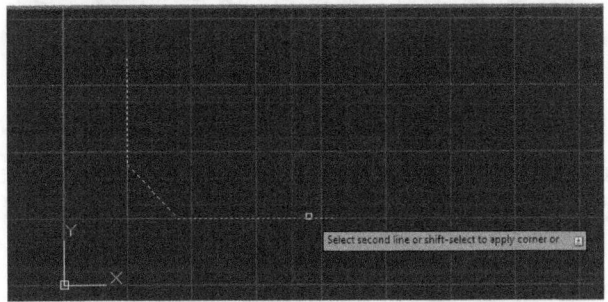

Pic 3,243 Cliquez sur la deuxième ligne

5. Voir image ci-dessous pour le résultat de chanfrein.

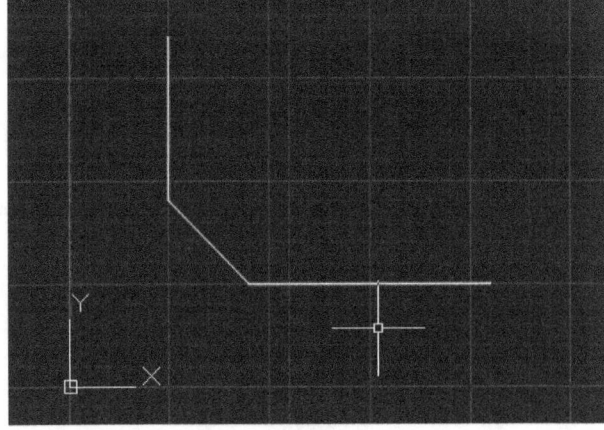

3.3.10 Exploser

Décomposer commande explose polyligne ou d'une région à segments. Voir les étapes ci-dessous:

1. Il y a une polyligne:

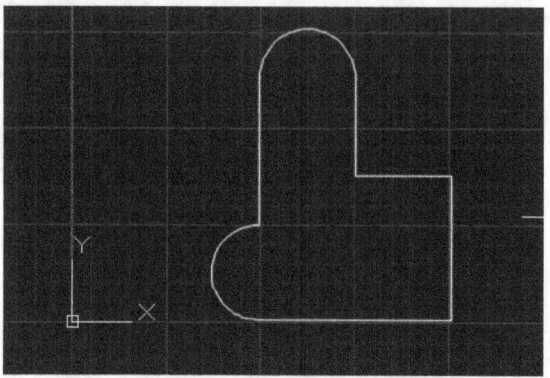

Pic 3,245 Polyligne

2. Si vous choisissez un polyligne, tous les segments deviendront une ligne en pointillé, c'est parce qu'il est un objet.

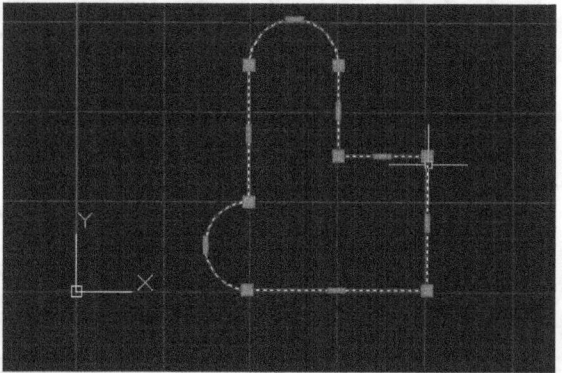

Pic 3,246 Tous les segments de polyligne deviennent ligne en pointillés

3. Maintenant, exécuter la fonction « exploser ».

4. Sélectionnez l'objet polyligne.

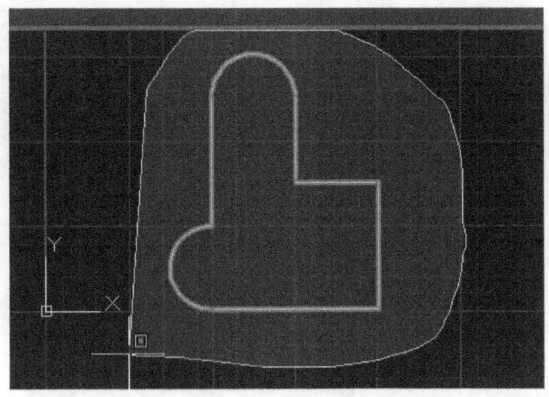

sélection Pic 3,247 Polyligne

5. Cliquez sur Enter, l'objet sera explosé. Si vous cliquez sur l'objet, un segment est sélectionné. Cela signifie que l'objet déjà segmenté / a explosé.

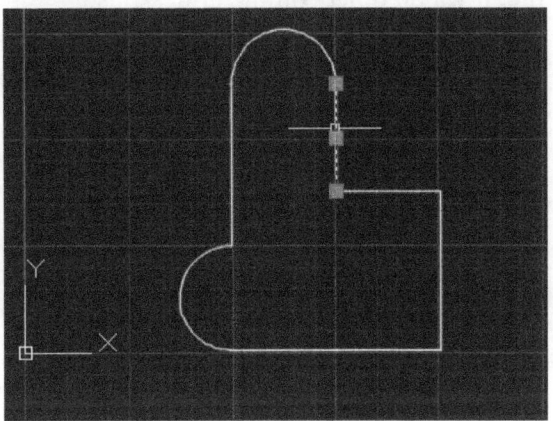

Pic 3,248 L'objet après la segmentation

6. Si vous voulez choisir plus d'un segment, vous devez cliquer sur ces segments, un par un.

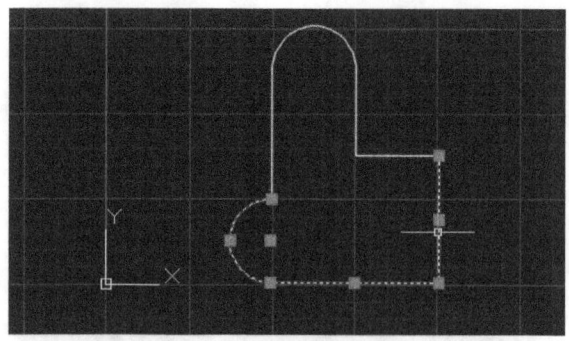

Pic 3,249 3 segments après Choisir explosé

3.3.11 Étendue

La commande ETIRER objet étirements. Il vous suffit de définir quel objet à étirer, voir l'exemple ci-dessous:

1. Par exemple, il y a un objet comme ci-dessous:

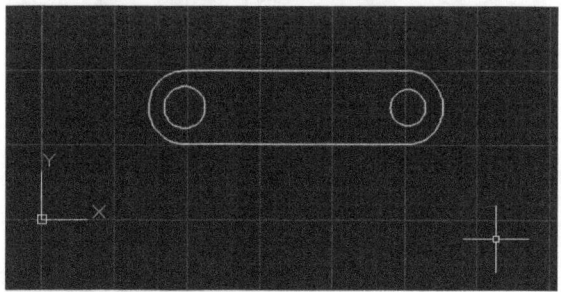

Pic 3,250 objet à étiré

2. Exécuter la commande « stretch », et sélectionnez une partie de l'objet que vous voulez étirer.

```
Commande: STRETCH
sélectionner des objets à étirer par-croisement ou croisement
fenêtre polygone ...
```

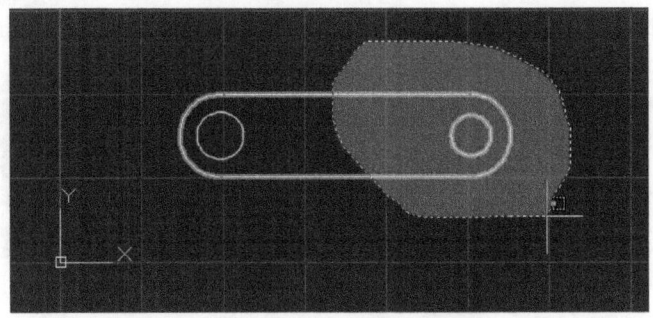

Pic 3,251 Choix objet à étirer

3. L'objet sélectionné sera une ligne en pointillés.

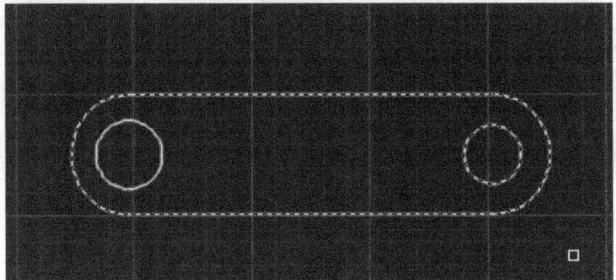

Pic 3,252 objet sélectionné devenant ligne pointillée

4. Cliquez sur Entrer et spécifier le point de base.

```
Spécifier le point de base
```

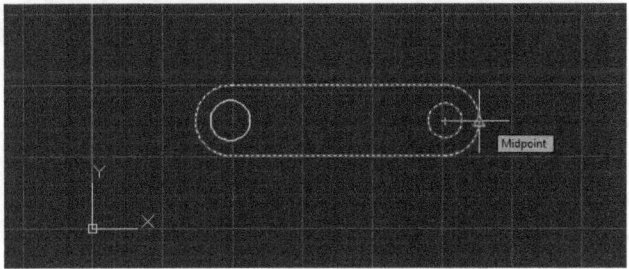

Pic 3,253 spécifier le point de base pour étirer

5. Cliquer sur un point de base et cliquez sur le deuxième point.

```
Spécifiez le point de base ou [Déplacement] <Déplacement>:
Spécifier second point ou <utiliser le premier point comme
déplacement>:
```

6. Faites glisser à droite, vous pouvez voir la position initiale et la position après l'étirement.

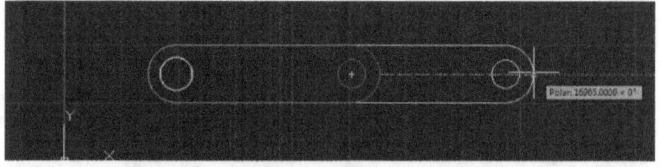

Pic 3,254 Stretching à droite

7. Si la résistance de la souris relâché, l'objet sera étirée.

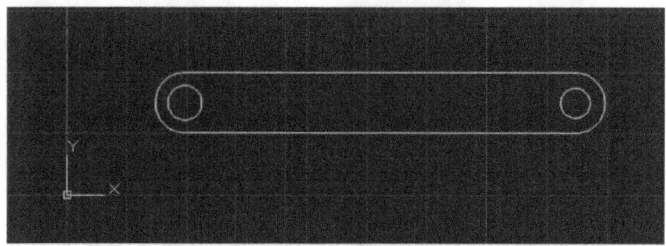

Pic 3,255 L'objet après l'étirage

8. Extensible peut aussi être utilisé pour les marques plus petite taille. En faisant glisser vers la gauche.

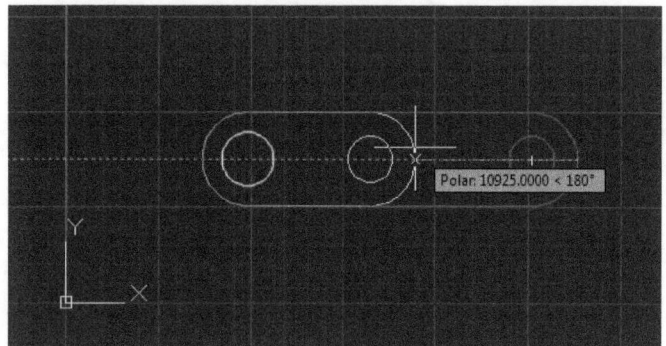

Pic 3,256 étirement négatif

9. Si vous faites étirement négatif, l'objet sera plus petit.

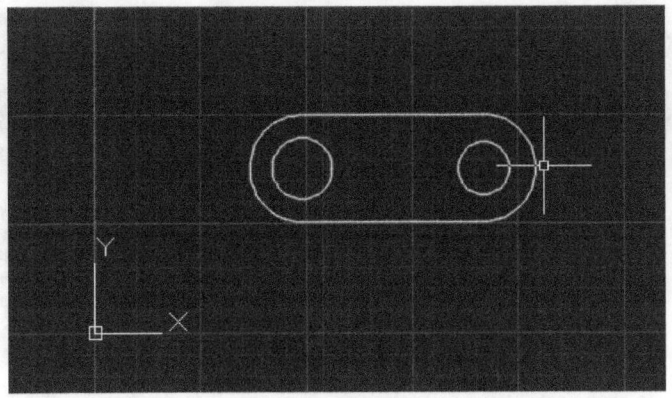

Pic 3,257 étirement négatif rend l'objet plus petite

3.3.12 Échelle

commande Scale balance objet pour rendre l'objet plus ou moins. Voir l'exemple ci-dessous:

1. Type « échelle ».

2. Sélectionnez l'objet.

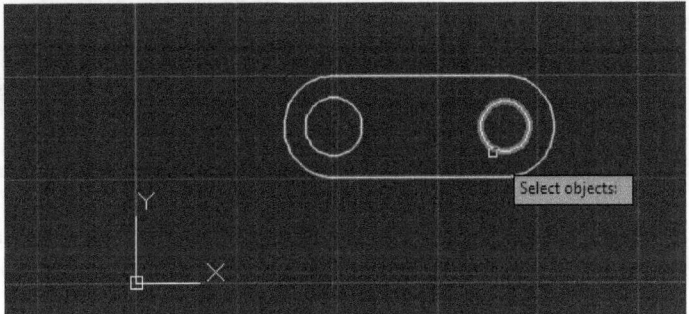

Pic 3,258 Choisissez l'objet à l'échelle

3. Cliquez sur Entrée, l'objet sera une ligne en pointillés.

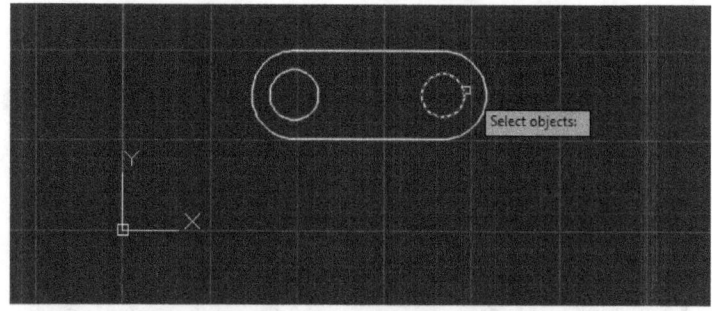

Pic 3,259 objet sélectionné

4. Spécifiez le point de base pour mise à l'échelle.

```
Spécifier le point de base
```

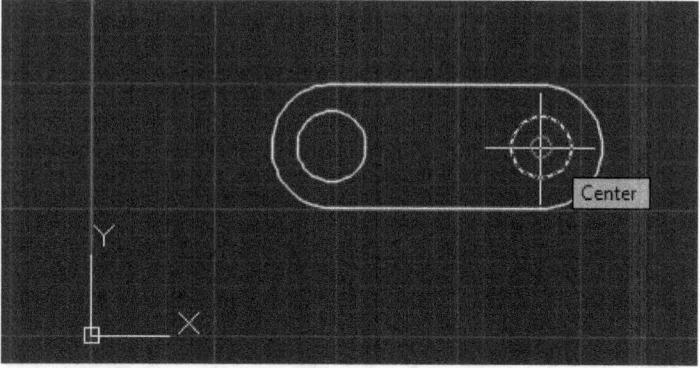

Pic 3,260 Cliquez sur le centre comme point de base pour mise à l'échelle

5. Spécifiez le facteur d'échelle ou d'un facteur zoom, par exemple, Si je prends 2, cela signifie que l'objet sera zoomée deux fois.

```
Spécifiez le facteur d'échelle ou [Copier / Référence]: 2
```

6. Le résultat est:

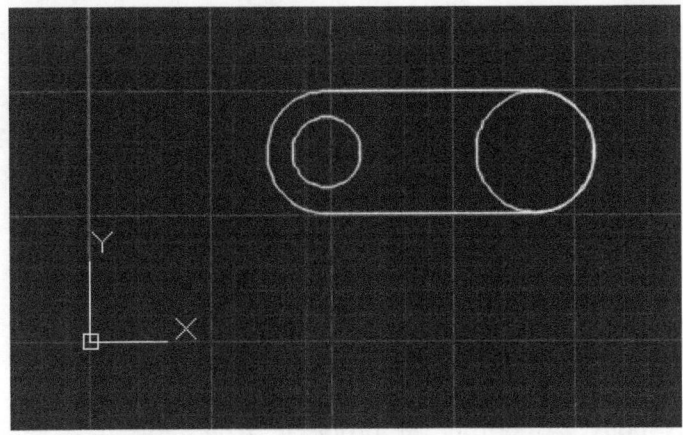

Pic 3,261 Le résultat du facteur d'échelle

3.3.13 tableau Rect

Vous pouvez copier l'objet et le coller dans le tableau de lignes et de colonnes en utilisant rect tableau. Voici comment utiliser le tableau de commande Rect:

1. Tapez « arrayrect » dans l'invite de commande.

2. Sélectionnez l'objet.

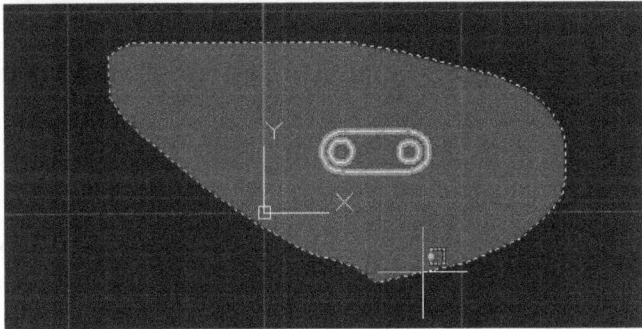

Pic 3,262 Sélectionnez l'objet que vous souhaitez copier avec rect tableau

3. Objet copié automatiquement rect tableau.

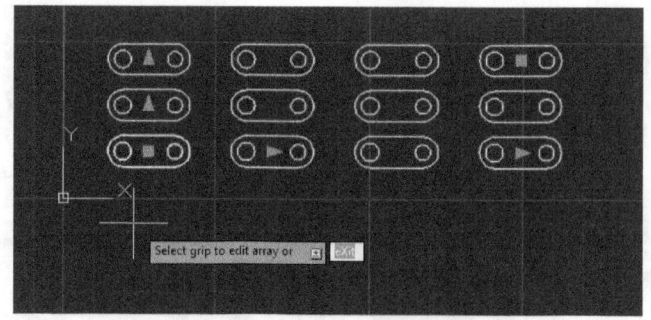

Pic 3,263 objet copié sous forme de tableau

4. Vous pouvez modifier la propriété d'un tableau à l'aide rect colonne et ligne de **colonnes** et des lignes.

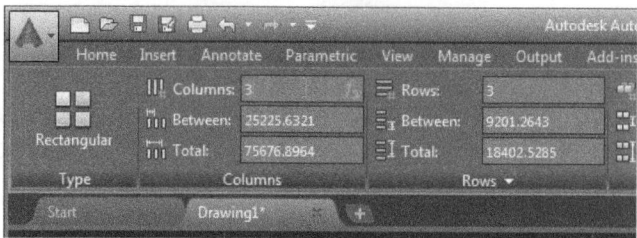

Pic 3.264 Colonnes et lignes

5. Cliquez sur **Fermer tableau** pour fermer la création de tableau.

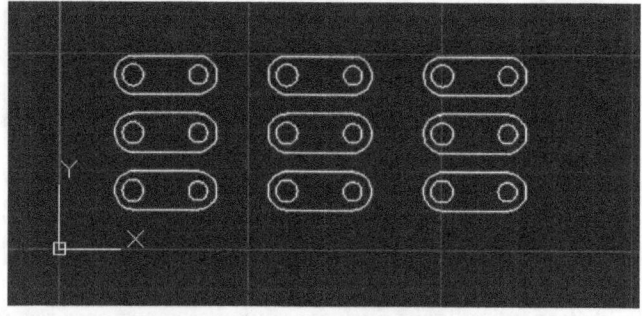

Pic 3,265 Tableau résultat rect

CHAPTER 4 ÉTUDES DE CAS

Sur ce chapitre, je vais vous montrer comment mettre en œuvre les compétences que vous avez appris du chapitre précédent pour dessiner un simple dessin.

4.1 Créer Simple Plan Maison

Par exemple, vous allez créer plan simple maison avec la taille 100x100. Voir les étapes ci-dessous:

1. Définir les limites de l'espace de travail de 0,0 à 100, 100.

```
Commande: LIMITES
Réinitialiser les limites d'espace Modèle:
Spécifiez le coin inférieur gauche ou [ON / OFF] <0.0000,0.0000>:
0,0
Spécifiez le coin supérieur droit <100.0000,100.0000>: 100100
```

2. Tracer une ligne comme ci-dessous:

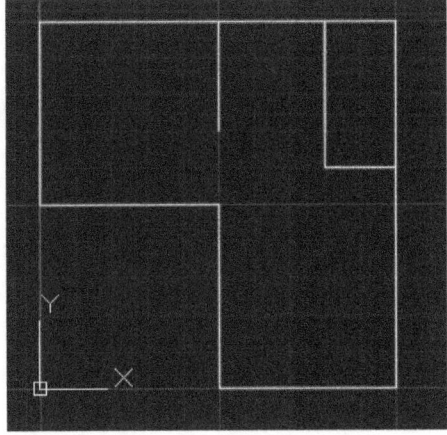

3. Voir photo ci-dessus, la taille est de 100 x 100.

4. Créer petit rectangle avec la taille = 2,5 x 2,5.

Pic 4.2 Petit rectangle

5. Tapez Déplacer, puis cliquez sur l'objet.

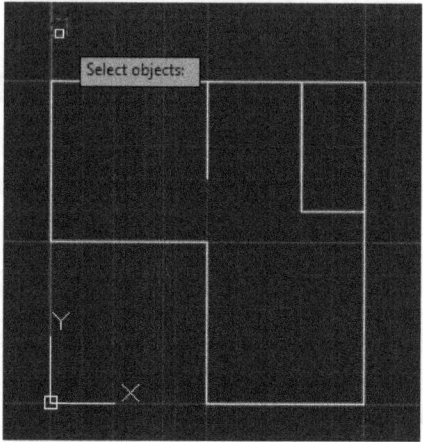

Pic 4.3 Petit objet

6. Choisissez le milieu de le petit rectangle comme point de base.

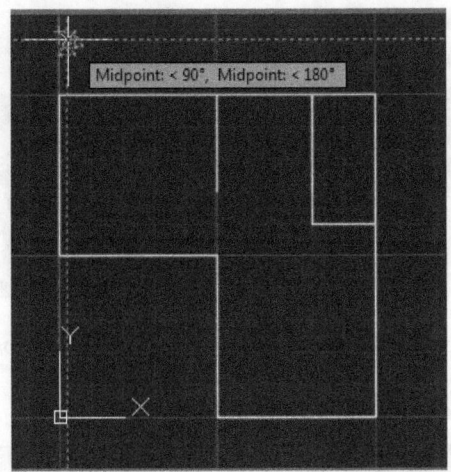

Pic 4.4 Choisir le point de base de mouvement

7. Placez le petit rectangle au coin de chaque ligne.

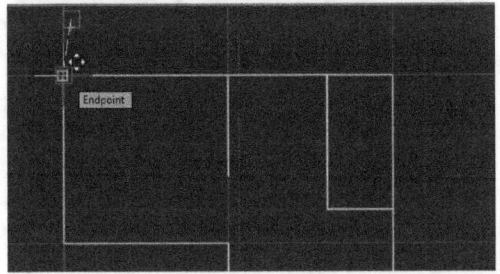

Pic 4.5 Mettez petit rectangle au coin

8. La boîte sera disponible dans le coin.

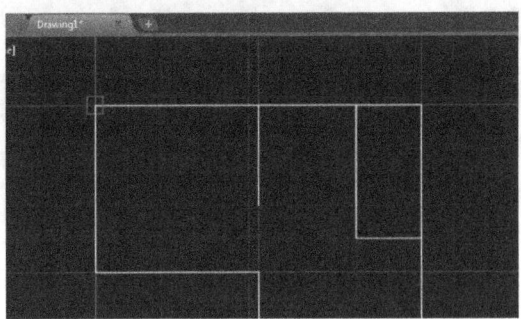

Pic 4.6 Box dans le coin

9. Tapez « Copier » et sélectionnez le petit objet.

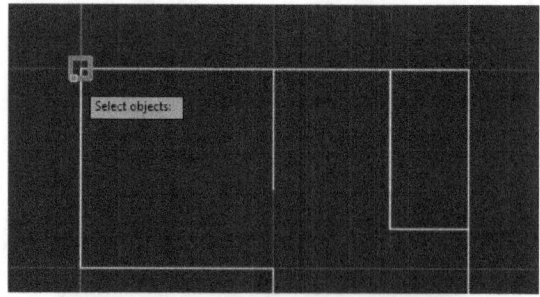

Pic 4.7 Choisissez le petit rectangle pour copier

dix. Le petit rectangle deviendra ligne en pointillé.

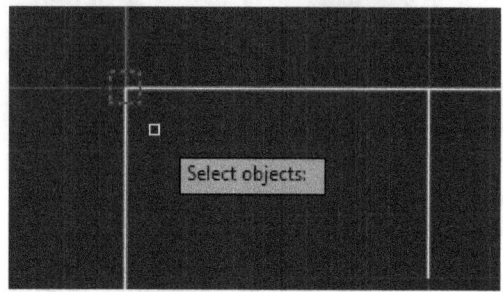

Pic 4.8 Petit rectangle sélectionné

11. Cliquez sur le rectangle milieu quand on vous demande: **Spécifier le point de base**.

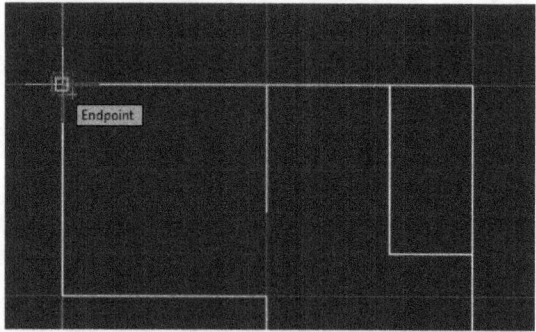

Pic 4,9 spécifier le point de base pour la copie

12. Ensuite, choisissez un autre point angle / intersection **Spécifiez le point final**,

---

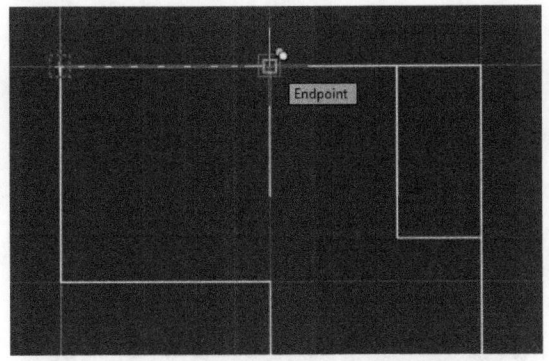

Pic 4,10 spécifier le point de fin

13. Pour ce faire, dans chaque intersection / coin.

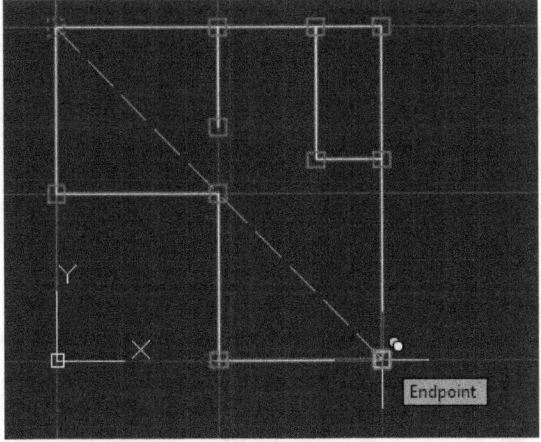

Pic 4,11 Copie du petit rectangle dans tous les coins / intersection

14. Le résultat sera de l'image ci-dessous:

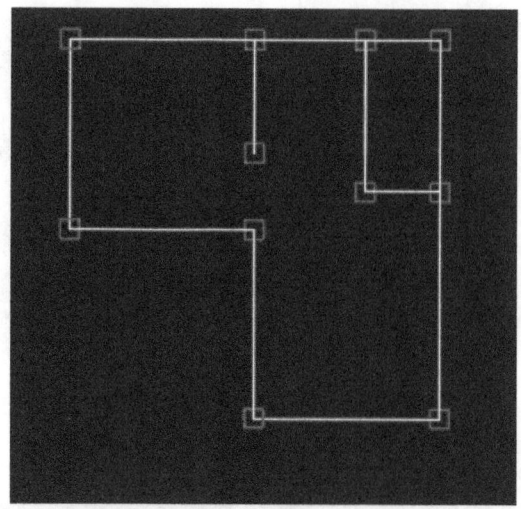

Pic 4,12 Petit rectangle copié dans chaque coin

15. Tracer une ligne à dessiner le mur.

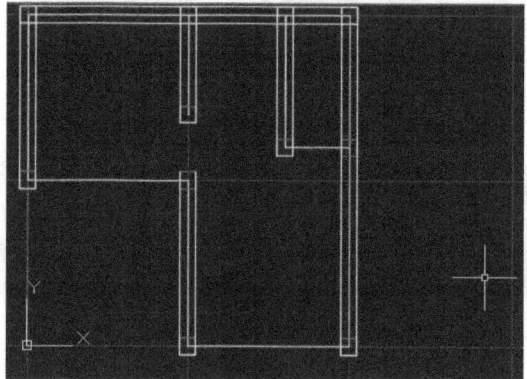

Pic 4,13 Dessin de la paroi

16. Vous pouvez également tracer une ligne pour faire une
frontière.

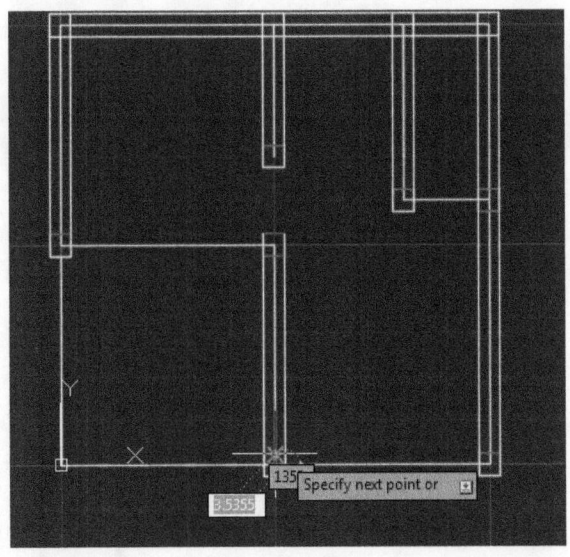

Pic 4,14 Tracer une ligne à tracer la frontière et le mur

17. Dessiner une porte comme ça.

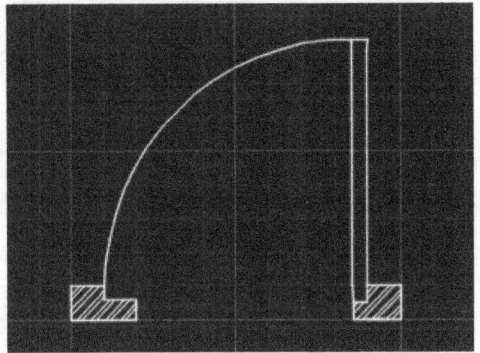

Pic 4,15 Dessiner une porte

18. Déplacer la porte à l'endroit où vous voulez créer porte.

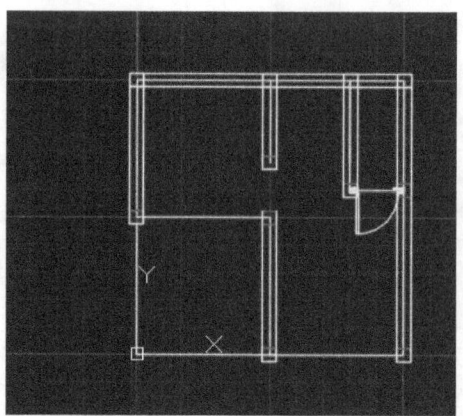

Pic 4,16 Créer porte

19. Pour donner effet herbe, créer trappe, et sélectionner le motif de Grass.

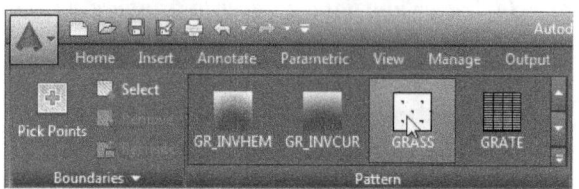

Pic 4,17 Choisir modèle à l'herbe

20. Donnez herbe la zone que vous voulez dessiner une herbe.

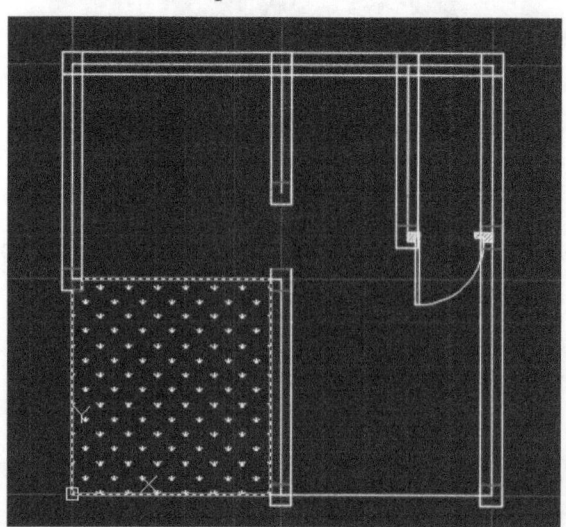

21.   Pour donner une voiture, cliquez sur Affichage> Palettes.

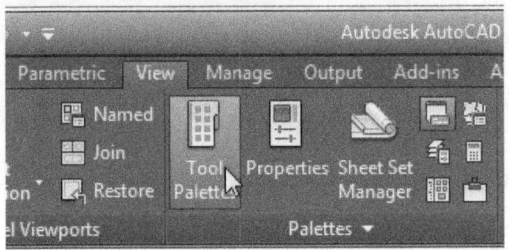

Pic 4,19 Cliquez sur Affichage> Palettes d'outils

22.   Choisissez l'architecture> Véhicules. Faites un clic droit et sélectionnez Propriétés.

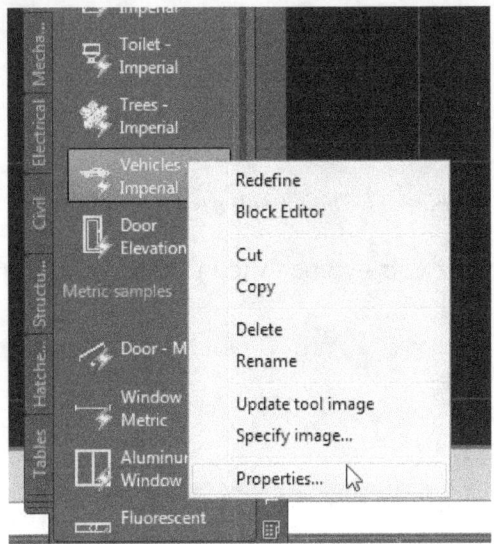

Propriétés Pic 4.20 Cliquez

23.   Choisir le type (vue) pour voiture de sport (Top).

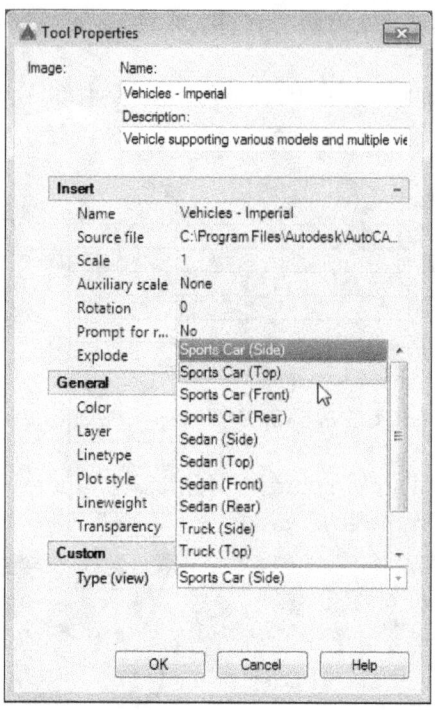

Pic 4,21 Choisir voiture de sport (Top)

24.   Vous pouvez voir le type (View) a changé et cliquez sur OK

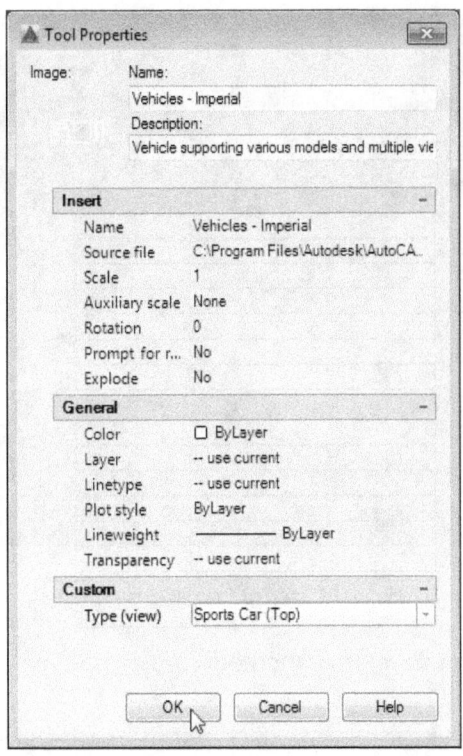

Pic 4,22 type (vue) Propriété pour objet de voiture déjà changé

25. Cliquez pour insérer l'objet de voiture.

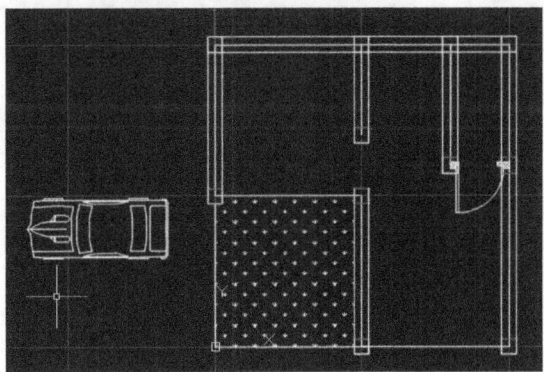

Pic 4,23 objet Car inséré au dessin

26. Faites pivoter en utilisant la fonction de rotation et de le mettre dans le garage.

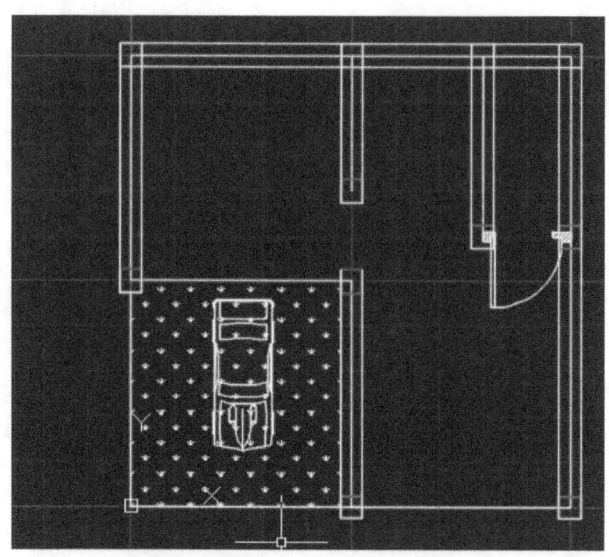

Pic 4,24 Mettre l'objet de voiture

27. En utilisant la même méthode, vous pouvez ajouter un autre objets, comme l'arbre.

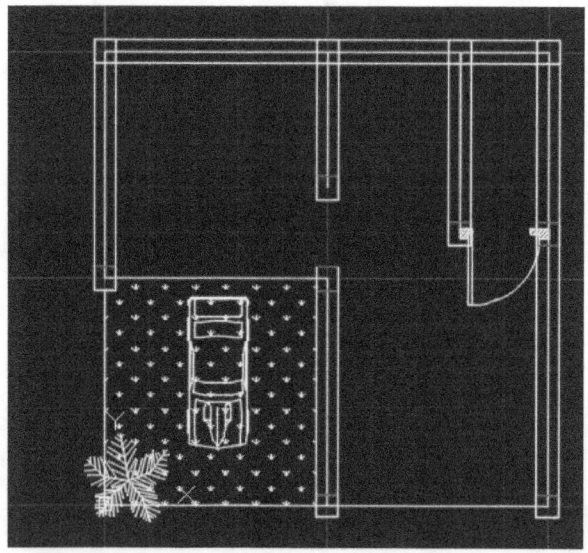

Pic 4.25 Insérer un autre objet

28. Pour insérer des annotations, cliquez sur **Accueil> Annotation**.

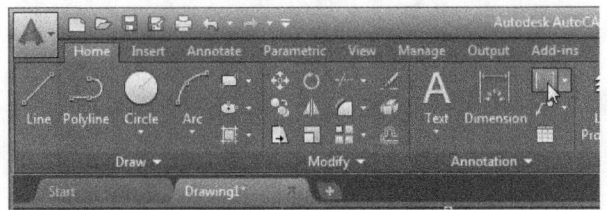

Pic 4,26 boîte Annotation

29. Compléter l'annotation un autre endroit.

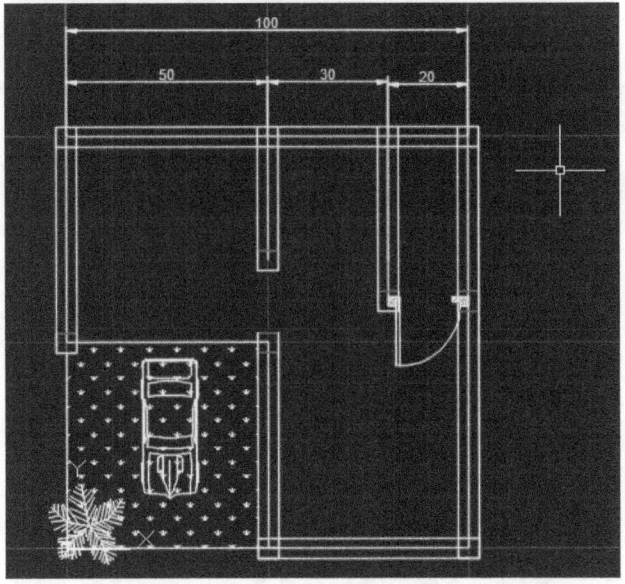

Pic 4,27 Fin de l'annotation

30. Vous pouvez créer d'autres objets pour compléter le dessin en utilisant polyligne, cercle et rectangle.

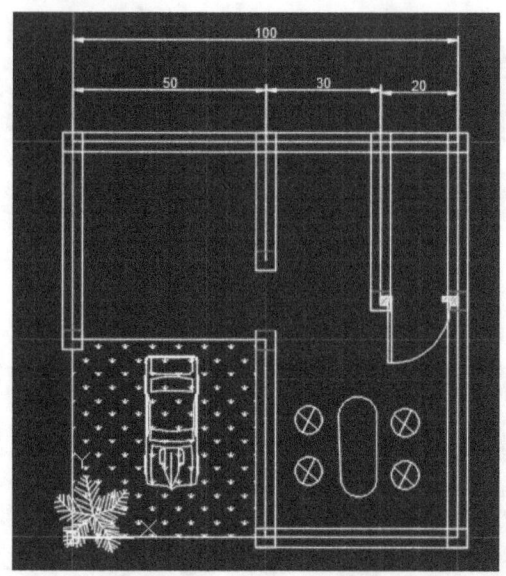

Pic 4,28 Fin de l'objet

31.   Vous pouvez encore ajouter d'autres annotations.

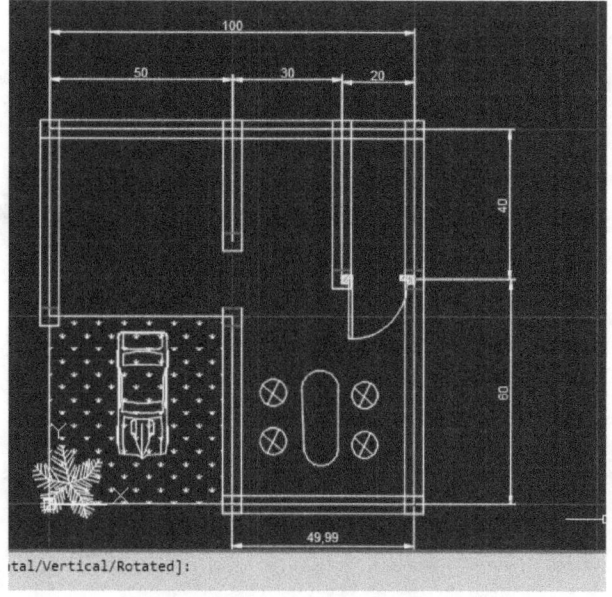

Pic 4,29 Ajout d'annotations sur d'autres lieux

32. Le résultat sera comme celui-ci, vous pouvez ajouter plus d'utiliser votre créativité.

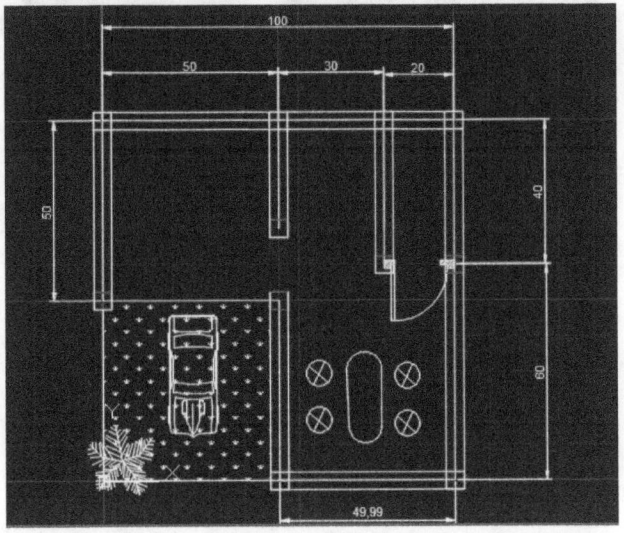

Pic 4,30 Résultat final du dessin de plan de maison

4.2 Créer vitesse simple

Dans ce tutoriel, vous apprendrez sur la façon de créer des engins simples, suivez les étapes ci-dessous:

1. Créer deux cercless, avec un point central identique, mais avec un rayon différent. Ajoutez ensuite les dents de l'engrenage.

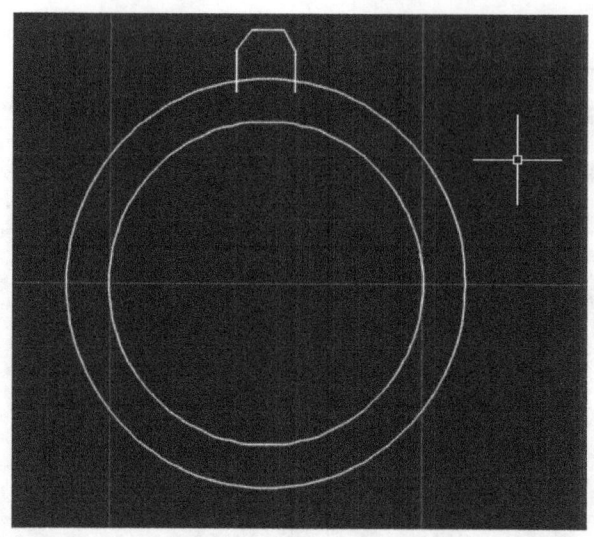

Pic 4,31 Créer deux cercles avec point central identique

2. Garniture de la racine des dents en entrant la commande TRIM, puis sélectionner tous les objets.

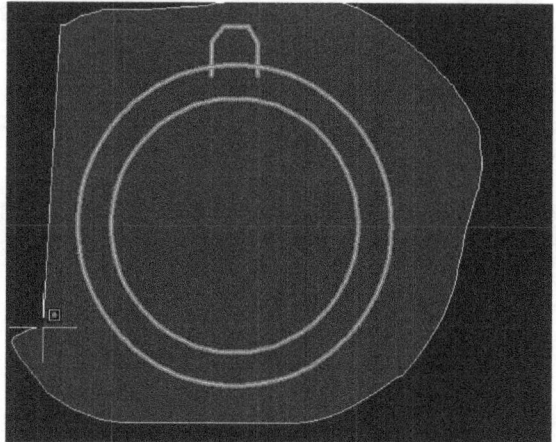

Pic 4,32 Sélection de tous les objets de rogner

3. Cliquez sur la racine des dents pour la couper.

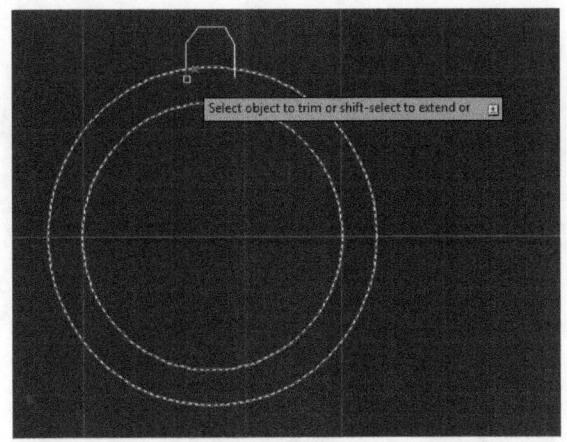

Pic 4,33 Coupez la racine de la dent

4. Vous pouvez voir la dent.

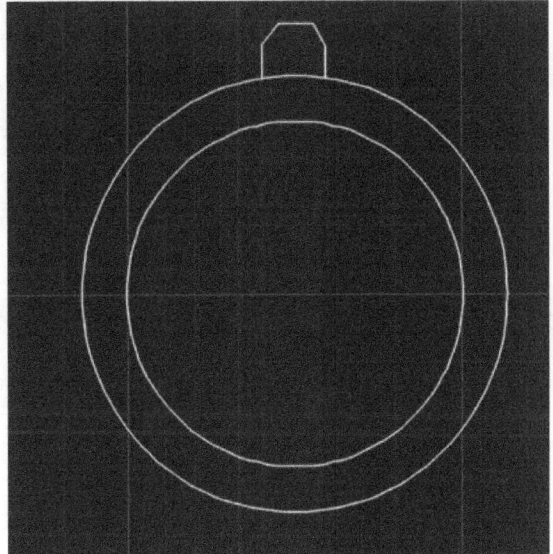

Pic 4,34 Cercle avec une dent

5. Copiez l'objet 18X, exécuter la commande de copie et de sélectionner des objets.

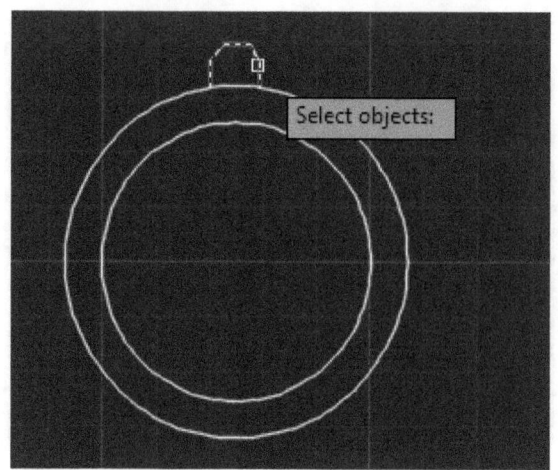

Pic 4,35 Sélection objet à copier

6. Ensuite, tournez la dent copiée à l'aide commande Rotation, choisissez l'objet puis spécifiez un point de base vers le centre.

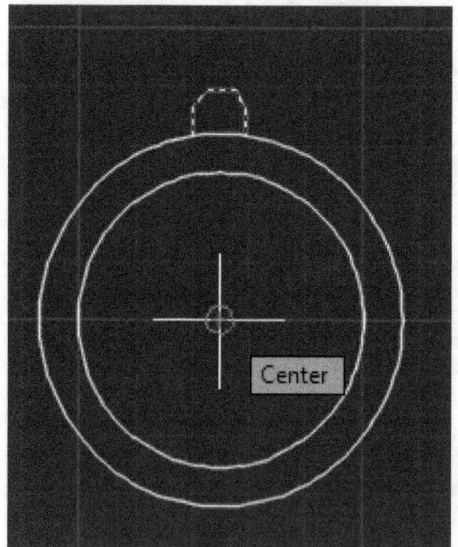

Pic 4,36 spécifier le point de base = centre

7. Tourner avec un intervalle de 20 degrés.

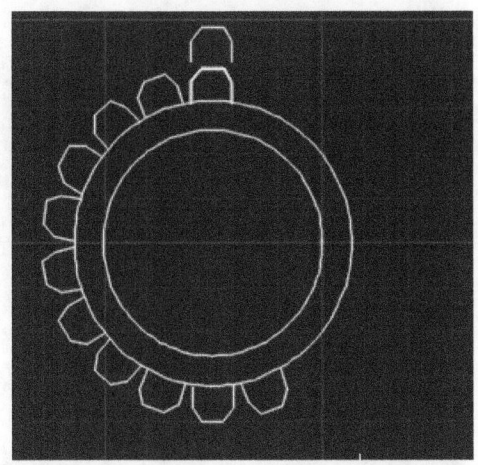

Pic 4,37 Rotation des dents avec l'intervalle de 20 degrés

8. Faites jusqu'à ce que toutes les dents arrondi du cercle.

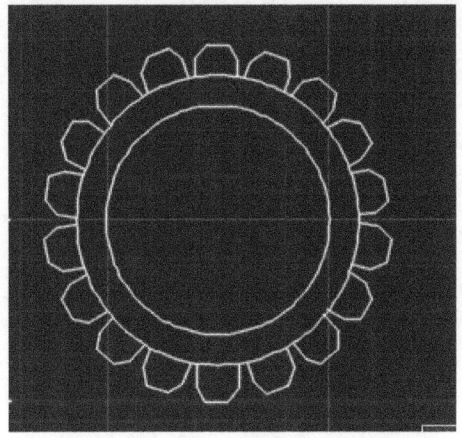

Pic 4,38 dents arrondi le cercle

9. Tapez « type de ligne » et cliquez sur Charger.

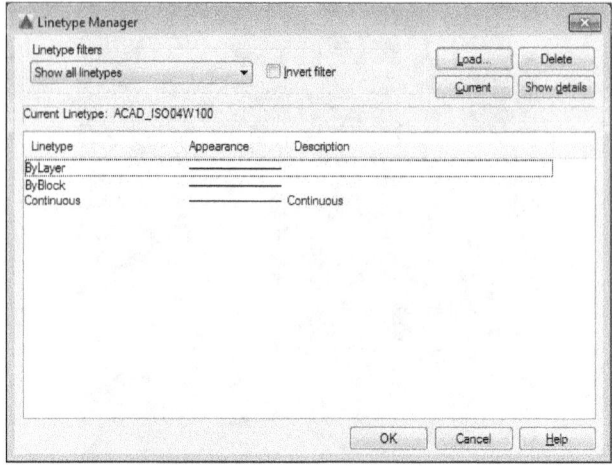

Pic 4,39 Choisir le type de ligne

dix.   Choisissez ISO point long tableau de bord pour dessiner l'axe.

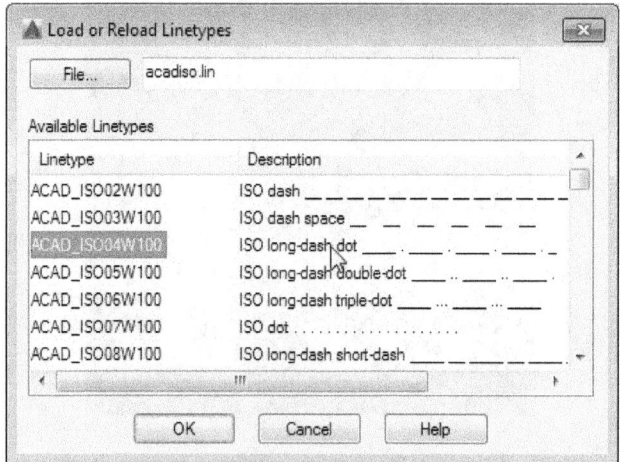

Pic 4,40 Ajouter ISO dot long tableau de bord

11.   Ensuite, cliquez sur le point iso long tableau de bord, puis cliquez sur Charger.

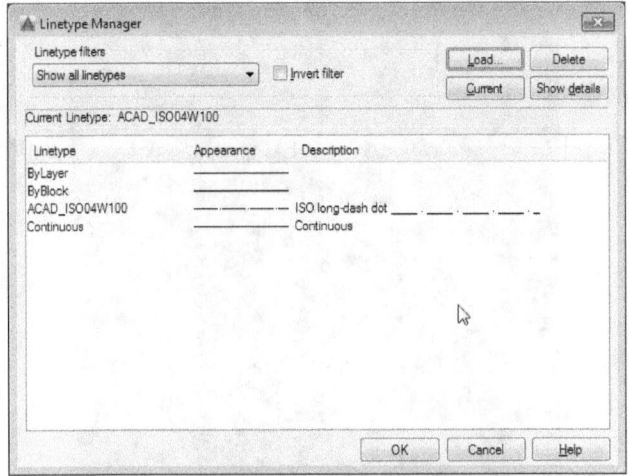

Pic 4,41 Choisir Tiret Longtype

12. Dessiner axe vertical.

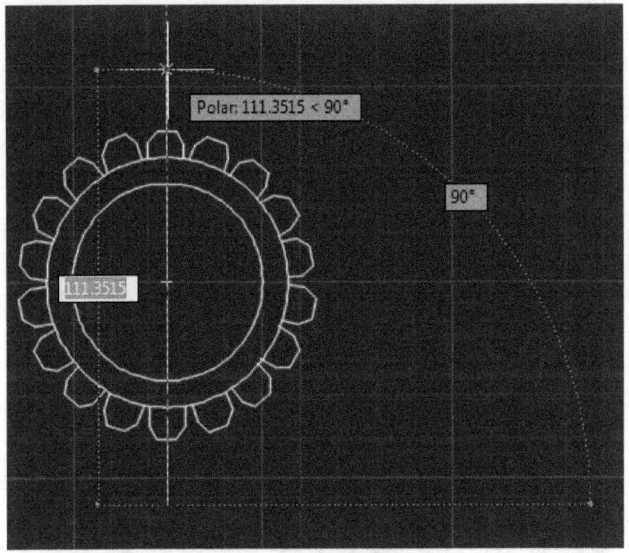

Pic 4,42 Dessin axe vertical

13. Dessin axe horizontal.

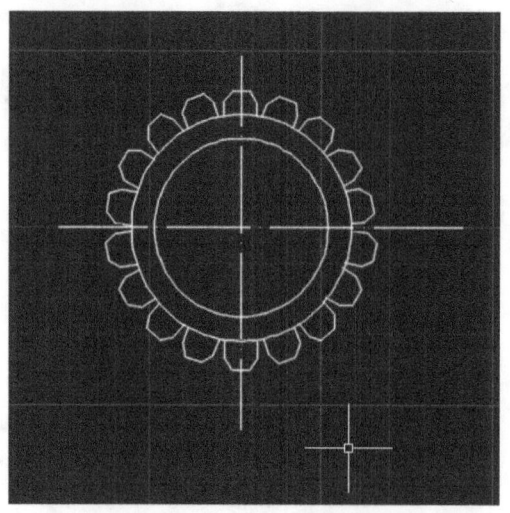

Pic 4,43 Dessin axe horizontal

14.   Coupez l'engrenage, et sélectionnez tous les objets.

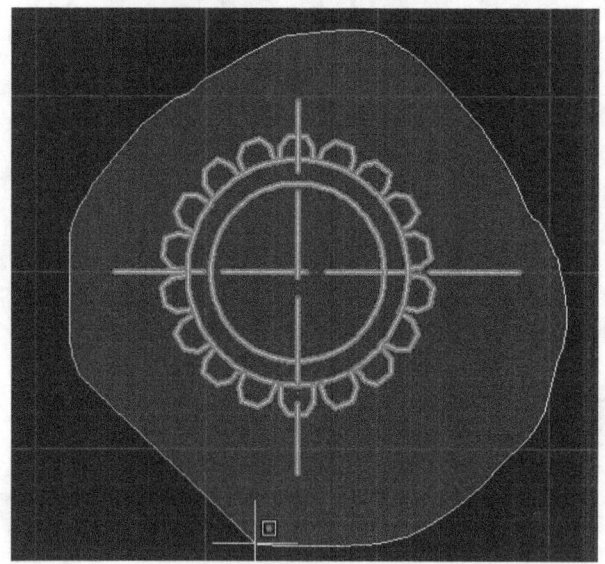

Pic 4,44 Sélectionnez la vitesse

15.   Cliquez sur la ligne ci-dessous les dents.

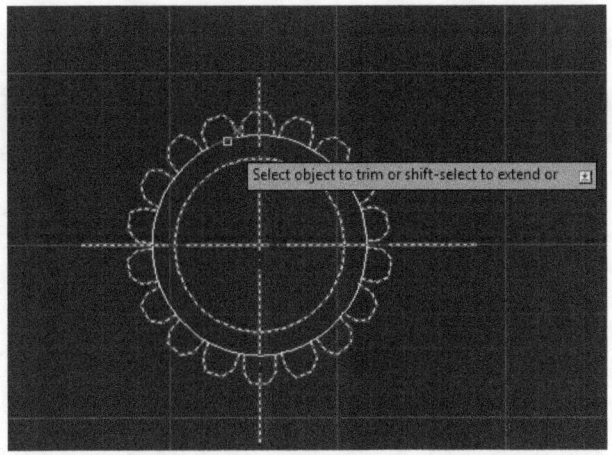

Pic 4,45 Ajuster la ligne au-dessous des dents

16.   Le résultat final sera comme ci-dessous:

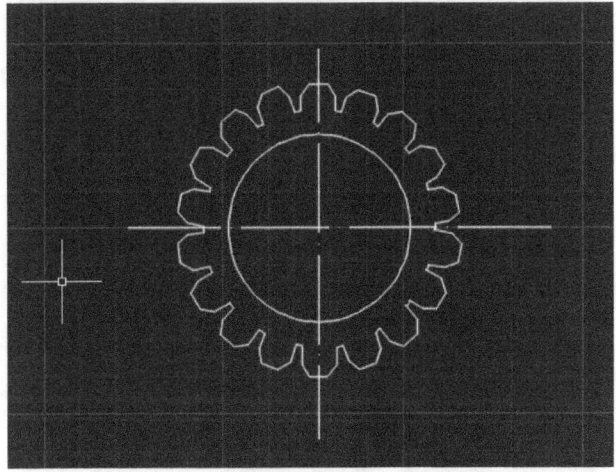

Pic 4,46 Résultat final la création d'engins

4.3   Créer simple piston

Voir exemple ci-dessous pour créer simple piston utilisant AutoCAD:

1. Créer deux cercles et deux lignes.

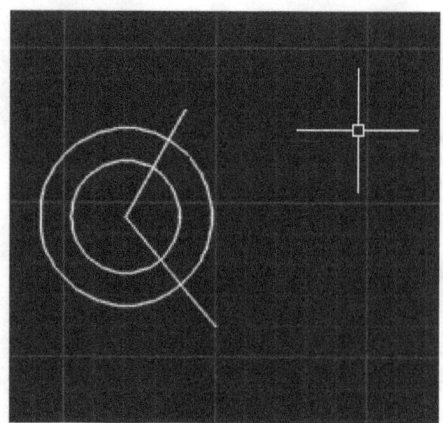

Pic 4,47 Créer deux cercles et deux lignes

2. Tapez « Trim » et sélectionner tous les objets.

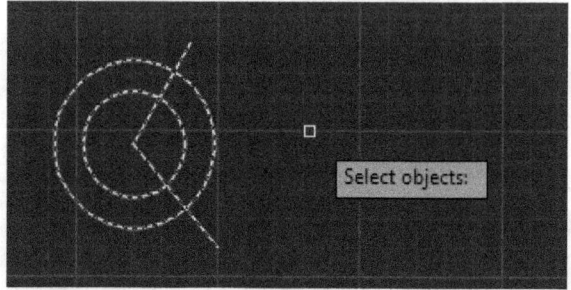

Pic 4,48 Choisir tous les objets à couper

3. Ajuster pour image ci-dessous:

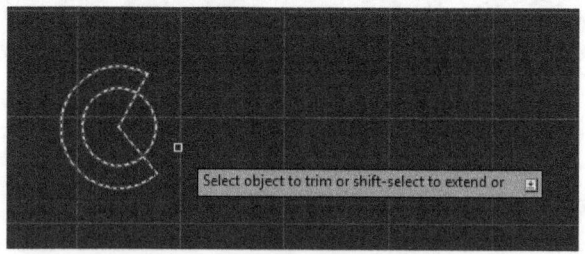

Pic 4,49 cercle extérieur Garniture

4. une partie de garniture le cercle intérieur, voir image ci-dessous:

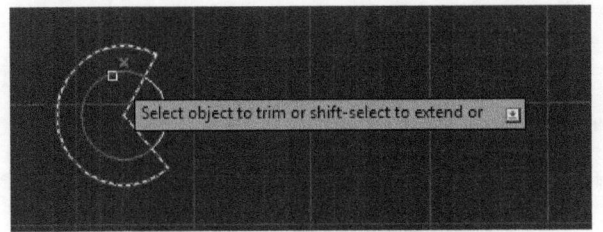

Pic 4,50 cercle intérieur Garniture

5. Garniture de la ligne de rayon.

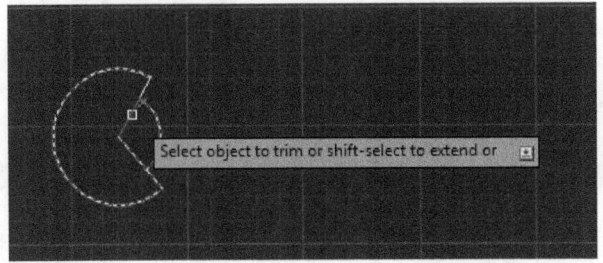

Pic 4,51 ligne de rayon Garniture

6. Le résultat sera comme ça.

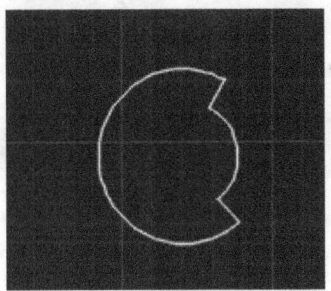

Pic 4,52 dessin essieu moteur

7. Dessinez un petit cercle, point central identique au point central de l'essieu.

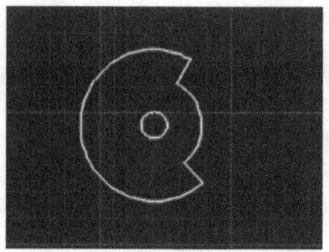

Pic 4,53 Petit cercle

8. Créer un plus petit cercle.

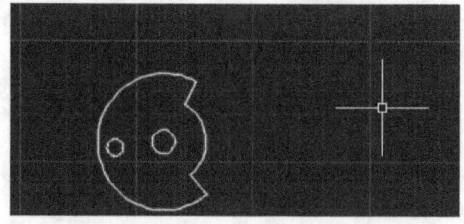

Pic 4,54 Création d'un plus petit cercle

9. Créer polyligne comme image ci-dessous:

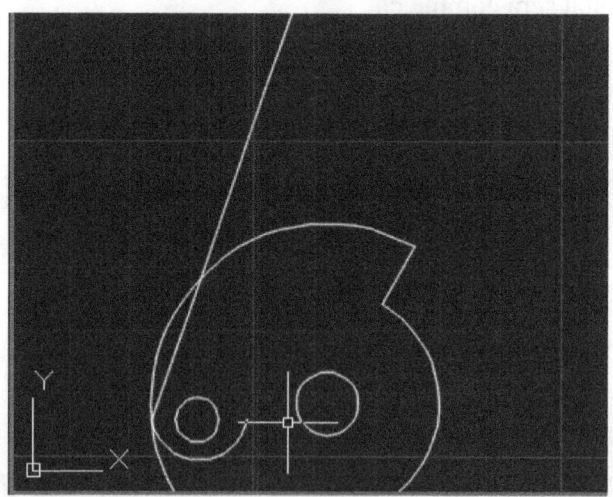

Pic 4,55 Créer polyligne

dix. Ajouter la polyligne avec la ligne et l'arc.

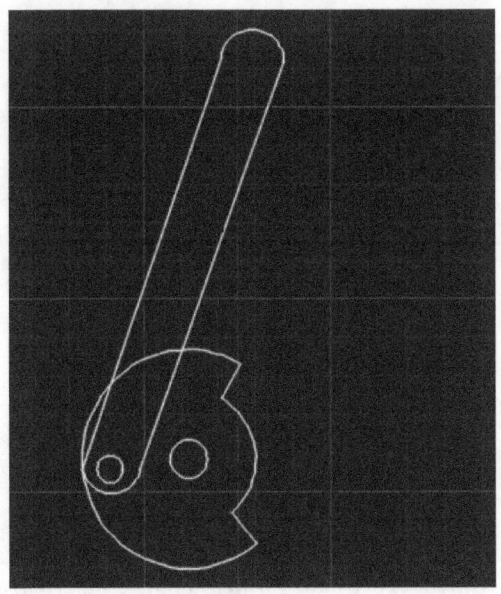

Pic 4,56 Créer polyligne avec la ligne et l'arc

11.Create polyligne pour créer le piston.

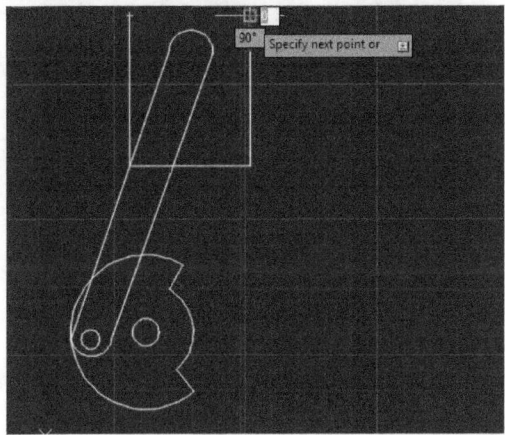

Pic 4,57 Créer polyligne à tirer le piston

12.   Dessiner un arc pour former la partie supérieure du piston.

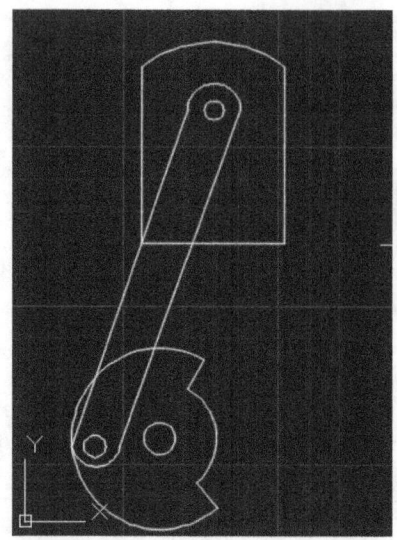

Pic 4,58 dessiner un arc pour former la partie supérieure du piston

13.   Maintenant, utilisez la garniture.

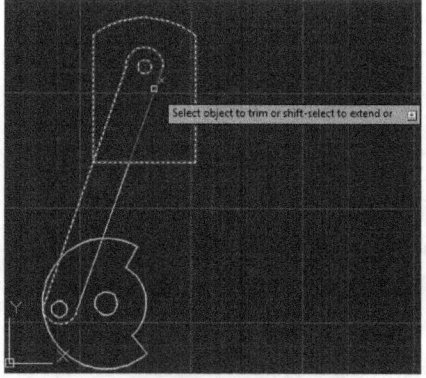

Pic 4,59 Parage

14.   Le résultat après que le regard comme garniture image suivante.

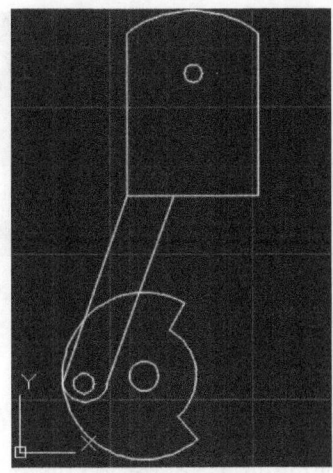

Pic 4,60 Résultat après la coupe

15.   Créer deux rectangles pour dessiner les segments de piston.

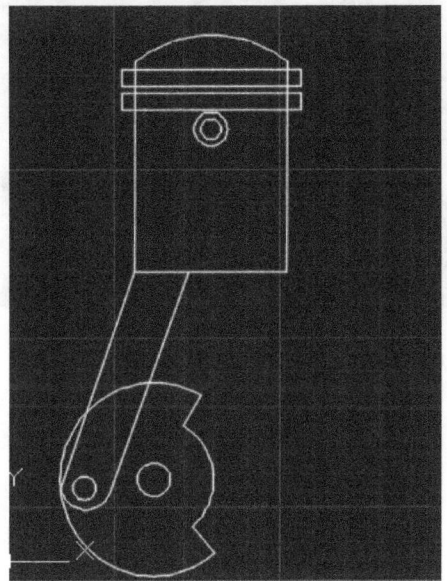

Pic 4,61 Créer deux rectangles

16.   garniture Type et sélectionnez pour rogner.

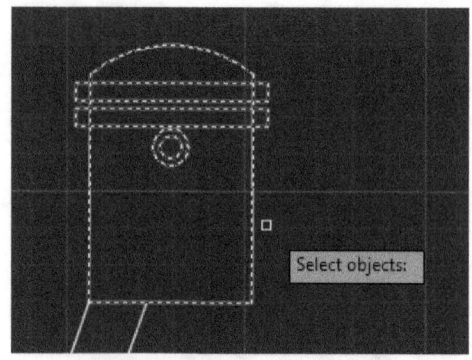

Pic 4,62 Sélectionner les objets à rogner

17. Garniture du côté de la paroi de le piston à l'intérieur du segment de piston.

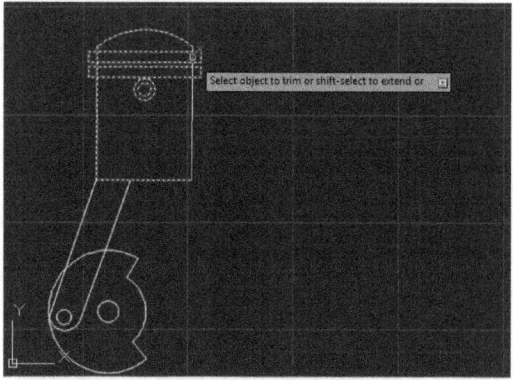

Pic 4,63 rognage sur la bague de piston

18. Le résultat final est le suivant:

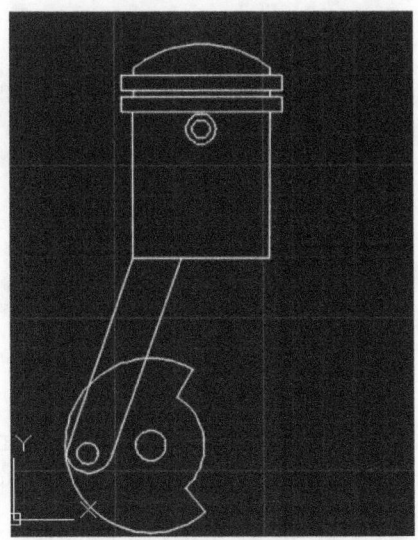

Pic 4,64 Résultat final

CHAPTER 5 DESSIN 3D DESSINER

Ceci est probablement la partie la plus intéressante de ce tutoriel AutoCAD pour les débutants - nous nous approchons la conception 3D! Dans ce chapitre, vous apprendrez comment créer 3D de base dans un espace de travail de modélisation 3D. Vous pouvez utiliser des formes en trois dimensions (3D) des objets solides pour créer des boîtes, des cônes, des cylindres, des sphères, des anneaux, des disques et des pyramides.

Pour créer une 3D solide, changer l'espace de travail sur mesure de modélisation 3D pour créer et modifier un modèle 3D solide. A la fin de ce chapitre, nous avons également expliqué certains raccourcis clavier pour travailler plus efficacement avec AutoCAD. Lorsque vous travaillez en 3D, vous devriez vous rappeler que le dessin dans AutoCAD est uniquement possible sur le plan XY. Si vous voulez changer la direction pour dessiner ou tracer votre objet 3D, vous devez redéfinir le système de coordonnées. Tracez un cercle au hasard dans votre DrawSpace tout en étant en vue de dessus. Entrez maintenant Vue de face et tapez « SCU ». Cela vous permettra de définir un nouveau système de coordonnées. Tapez « V » pour définir la vue actuelle que le nouveau système de coordonnées. Dessiner un deuxième cercle concentrique à la première. Maintenant, faire pivoter le modèle en maintenant Shift et la molette de la souris, et vous verrez l'alignement 3D des deux cercles.

5.1   Configurer l'espace de travail 3D

Effectuez les étapes ci-dessous pour la configuration de l'espace de travail 3D:

1. Dans la barre d'état, cliquez sur Switching Workpsace.

Pic 5.1 Espace de travail de commutation

2. Dans le menu, cliquez sur Principes de base 3D

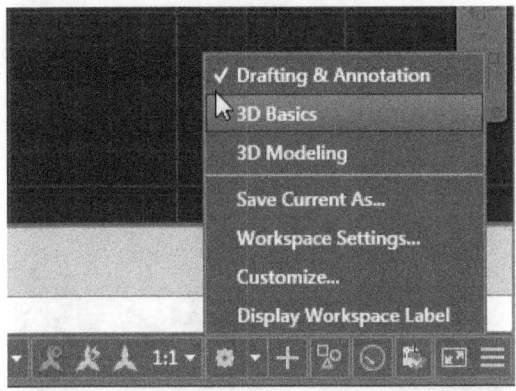

Pic 5.2 Principes de base 3D En cliquant

3. espace de travail de base 3D affiché, vous pouvez accéder à beaucoup de commande et d'outils pour dessiner des objets 3D.

5.2   Dessiner des objets 3D

Similaire à dessin 2D, il y a des objets de base dans le dessin 3D. Vous apprendrez comment dessiner des objets 3D ci-dessous:

5.3.2 dessiner Box

Box est un rectangle avec une hauteur. Voici les étapes pour créer la boîte à atuocad:

1. Cliquez sur l'icône Boîte sur Créer icône barre d'outils.

Pic 5.3 Cliquez sur l'icône Boîte

2. Insérer le premier point, et insérer le second point.

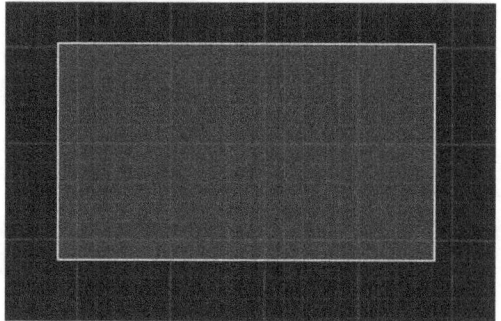

Pic 5.4 Créer rectangle boîte

3. Faites glisser la souris vers le haut à droite.

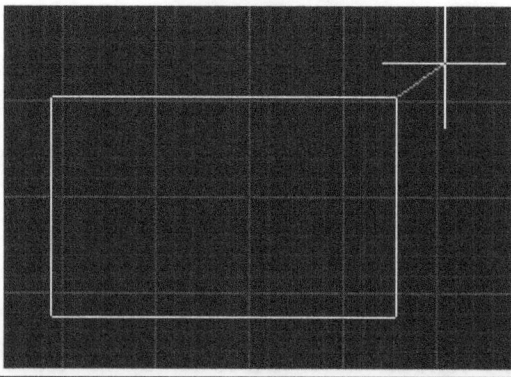

4. Insérez la hauteur de la boîte, par exemple 300.

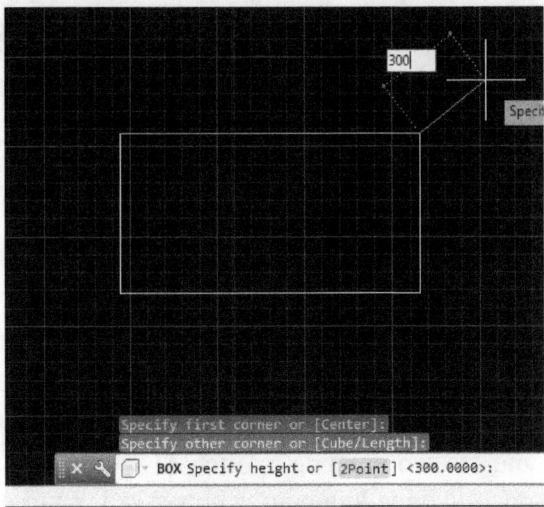

Pic 5.6 Spécifiez la hauteur de la boîte

5. Pour voir le résultat en 3D, changer le bouton d'orbite sur la barre d'outils droite.

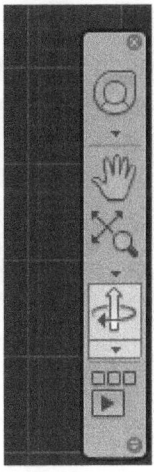

Pic 5.7 Modification de l'orbite

6. Le résultat comme ci-dessous:

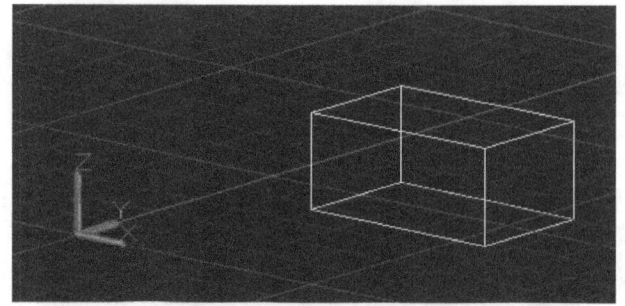

Pic 5.8 Résultat de la création de la boîte

7. Cliquez sur Esc ou [ENTRER] dans le clavier.

Autre exemple:

1. Répétez l'étape numéro 1-2.

2. Dans l'invite de commande, AutoCAD demande de préciser d'autres corder ou de la longueur. Choisissez L pour la longueur.

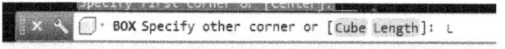

Pic 5.9 Choisissez L

3. Cela signifie, nous tirerons en insérant la longueur.

4. AutoCAD demande à la longueur, tapez: 100.

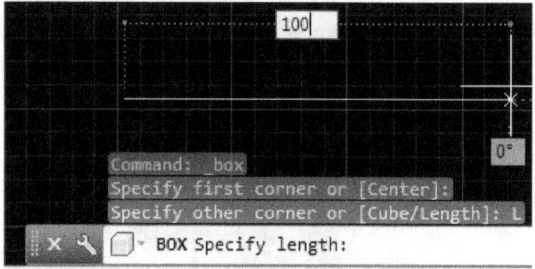

Pic 5.10 Affichage de la longueur de l'objet

5. AutoCAD demande la largeur, tapez: 40.

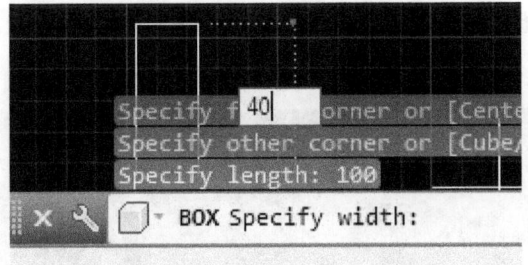

Pic 5,11 spécifier la largeur

6. Ensuite, faites glisser en haut à droite et spécifiez la hauteur à 50.

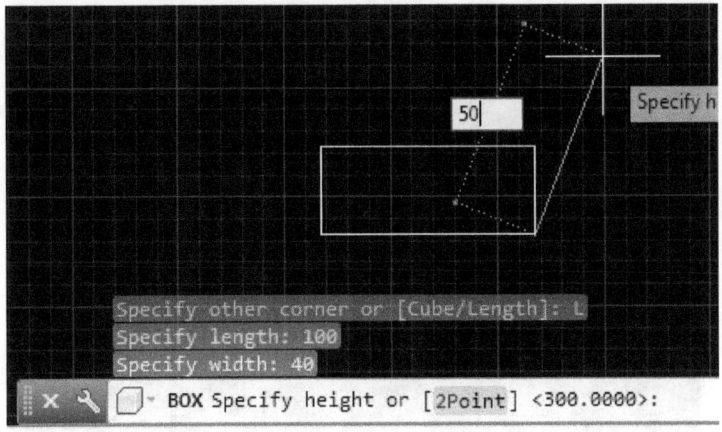

Pic 5,12 Spécifiez la hauteur

7. Le résultat de la boîte sera 100 x 40 x 50.

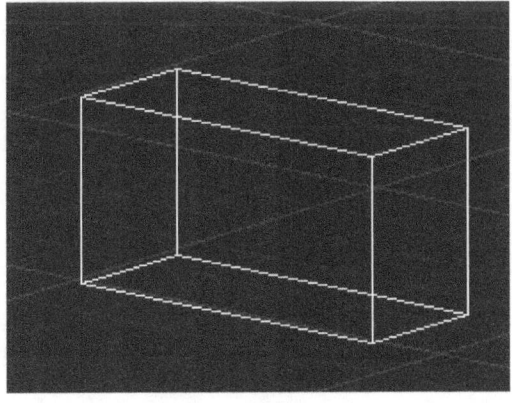

Pic 5,13 Boîte créé

Pour dessiner un cube, vous pouvez le faire comme suit:

1. Case Exécuter, puis tapez C pour choisir cube.

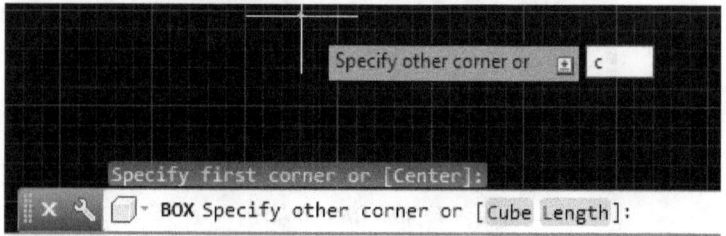

Pic 5,14 Spécifiez C pour cube

2. Spécifiez la longueur 100.

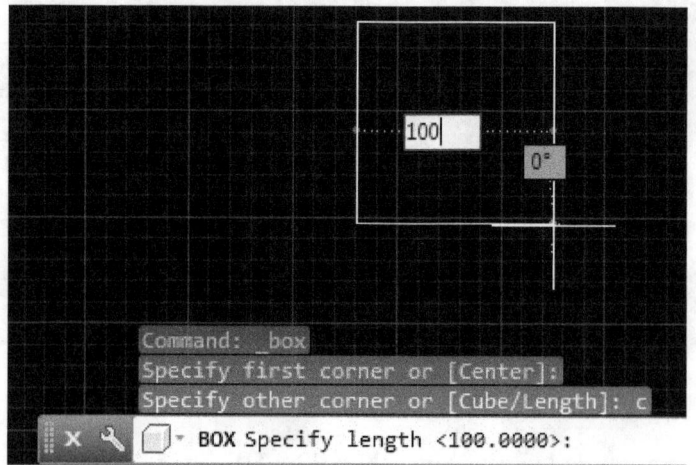

Pic 5,15 Spécifiez la longueur du cube

3. Le résultat est un cube avec la taille: 100 x 100 x 100.

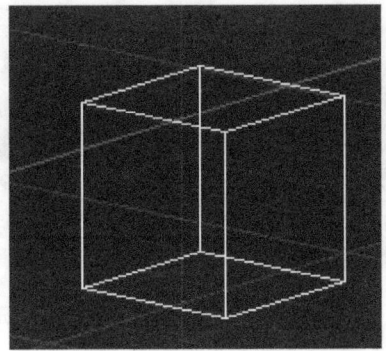

Pic 5,16 Cube déjà créé

5.3.3 dessiner cylindre

Le cylindre sur AutoCAD créée en utilisant l'icône de cylindre. Voir les étapes ci-dessous:

1. Cliquer sur icône du cylindre.

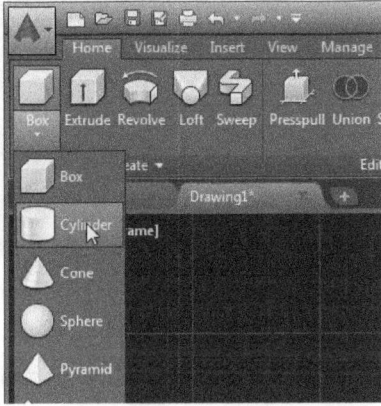

Pic 5,17 Cliquez sur l'icône cylindre

2. Entrer dans le centre du cylindre. Cliquer sur un certain endroit.

3. Faites glisser la souris pour dessiner un cercle.

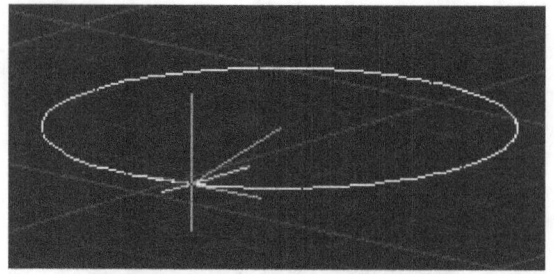

Pic 5,18 Faites glisser la souris pour tracer un cercle

4. Insérez la hauteur du cylindre: 500.

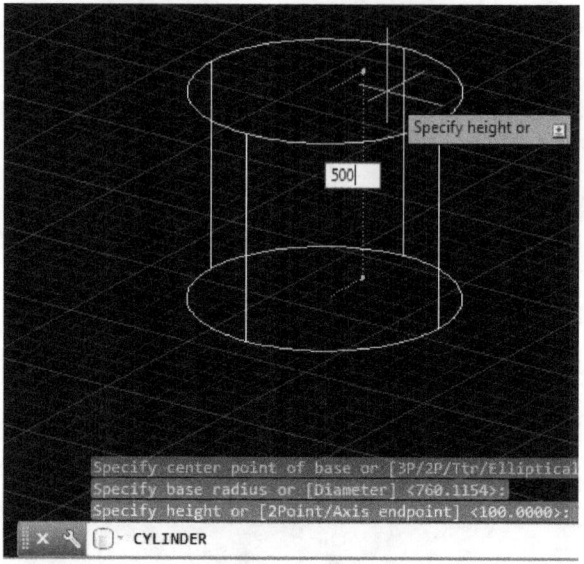

Pic 5,19 Insertion de la hauteur du cylindre

5. Le résultat sera comme celui-ci.

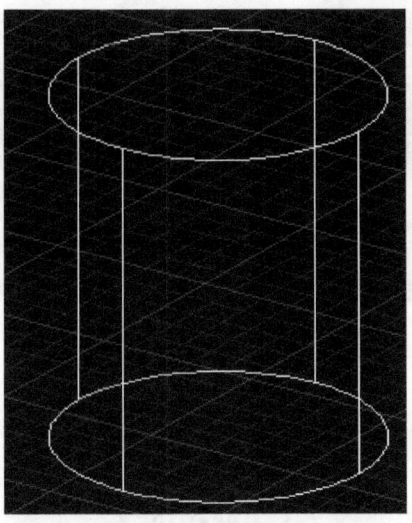

Pic 5,20 Cylindre déjà créé

Une autre méthode consiste à définir le rayon ou le diamètre. Suivez les étapes ci-dessous:

1. Répétez les étapes jusqu'à l'étape 2

2. Choisissez d pour le diamètre.

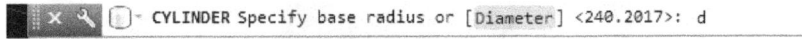

Pic 5,21 Choisissez D

3. Cela signifie, cylindre sera établi sur la base de diamètre.

4. AutoCAD demande de diamètre, tapez: 100.

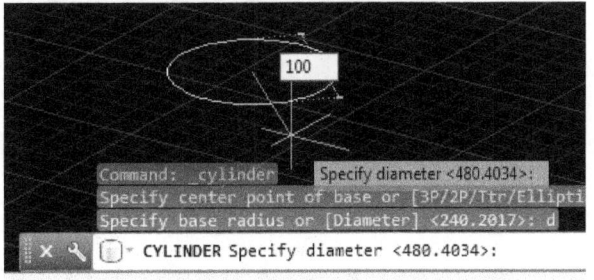

Pic 5,22 Spécifier le diamètre

5. Spécifiez la hauteur: 200.

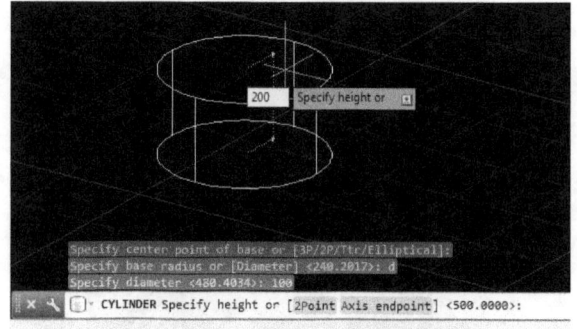

Pic 5,23 Spécifiez la hauteur

6. Le résultat est cylindre diamètre = 100 et hauteur = 200

5.2.3 dessiner cône

Cône dans AutoCAD peut être créée en utilisant l'icône cône. Voir ci-dessous pour créer les étapes du cône:

1. Cliquez sur l'icône du cône.

Pic 5,24 Cliquez sur l'icône du cône

2. AutoCAD demande de spécifier le centre du cercle.

3. Faites glisser la souris pour dessiner un cercle.

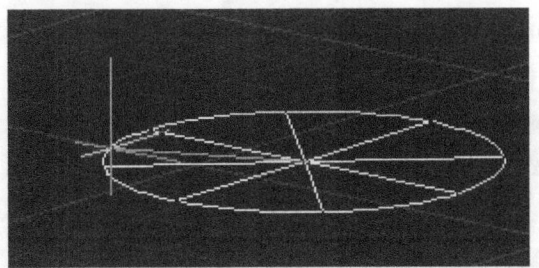

Pic 5,25 glisser la souris pour tracer un cercle

4. AutoCAD demande la hauteur du cône.

5. Le résultat sera comme celui-ci.

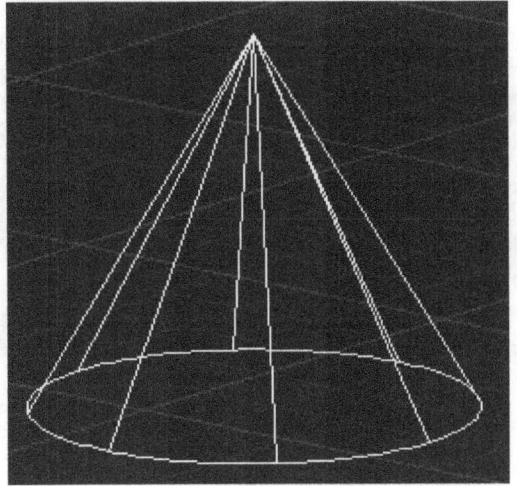

Pic 5,26 Résultat cône

Ou vous pouvez spécifier le diamètre et la hauteur en suivant les étapes ci-dessous:

1. Répétez les étapes jusqu'à l'étape 2

2. Dans l'invite de commande, sélectionnez D pour insérer diamètre.

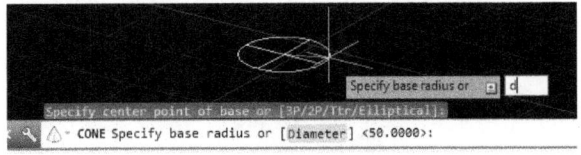

Pic 5,27 Sélectionnez D

3. Cela signifie que le cercle sera créé en utilisant diamètre.

4. Insert le diamètre, par exemple: 100.

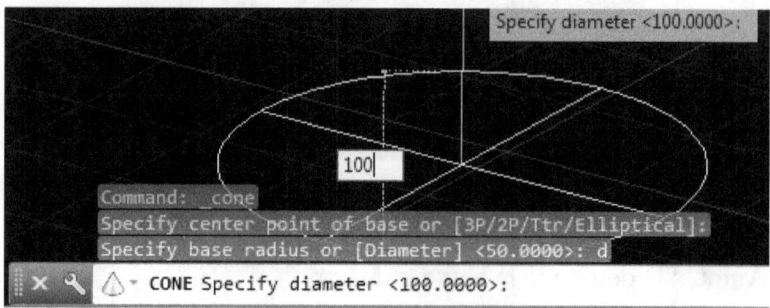

Pic 5,28 Insertion diamètre du cercle

5. Spécifier la hauteur du cône, par exemple: 150.

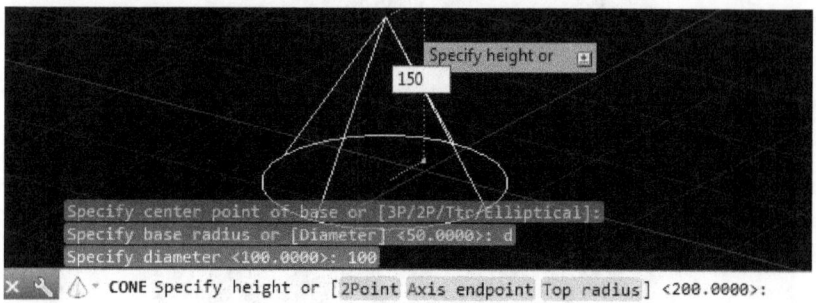

Pic 5,29 Spécification hauteur du cône

6. Le résultat est conique avec diamètre = 100 et hauteur = 150

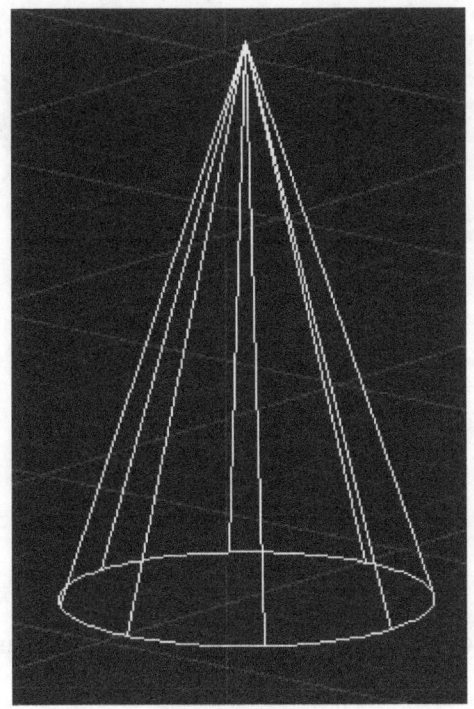

Pic 5,30 Résultat cône

5.2.4 dessiner balle

Balle peut être créée en utilisant l'icône de la sphère. Voir ci-dessous pour dessiner étapes balle dans AutoCAD:

1. Cliquez sur l'icône Sphère.

Pic 5,31 Cliquez sur l'icône Sphère

2. AutoCAD demande au milieu du cercle. Cliquez sur le milieu.

3, Faites glisser la souris pour tirer la balle.

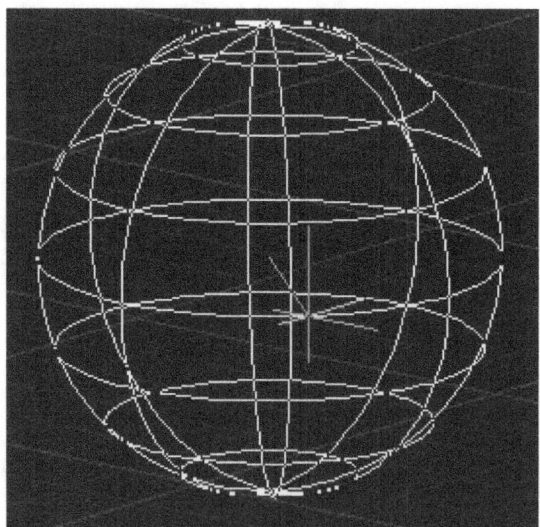

Pic 5,32 balle résultat

4. Vous pouvez voir le résultat sur le pictue ci-dessus.

Une autre méthode consiste en spécifiant rayon ou le diamètre:

1. Répétez les étapes jusqu'à l'étape 2.

2. Insérez d pour spécifier diamètre.

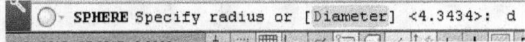

Pic 5,33 Diamètre Choisissez

3. Insérez le diamètre, par exemple: 100.

5. Le résultat est une bille de diamètre = 100.

5.2.5 dessiner Pyramide

Vous pouvez dessiner la pyramide en suivant les étapes ci-dessous:

1. Cliquez sur l'icône de la pyramide,

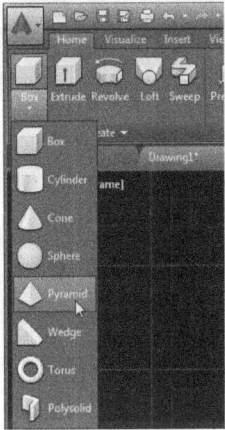

Pic 5,34 Choisissez Pyramide

2. Indiquez le centre de le rectangle.

3. Faites glisser la souris pour créer le rectangle.

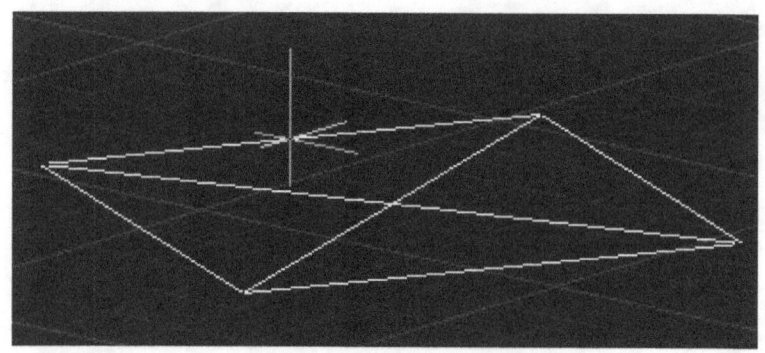

Pic 5,35 Créer rectangle

4. Insérez la hauteur.

5. Voir le résultat image ci-dessous.

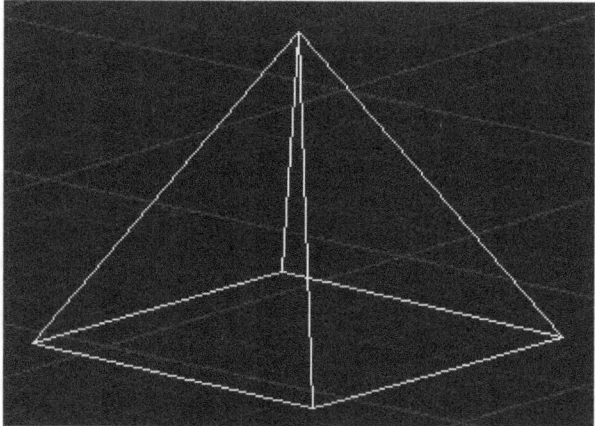

Pic 5,36 Résultat Pyramid

5.2.6 Dessiner 3D Donut

Vous pouvez également dessiner beignet 3D en utilisant la commande tores. Voir l'exemple ci-dessous:

1. Cliquer sur **Torus** menu.

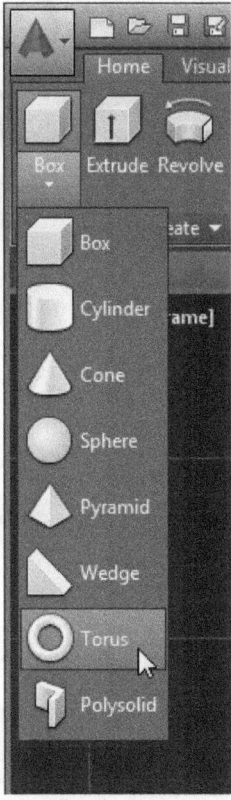

Pic 5,37 Cliquez sur le menu Torus

2. Entrer dans le centre de le cercle.

3. Faites glisser la souris.

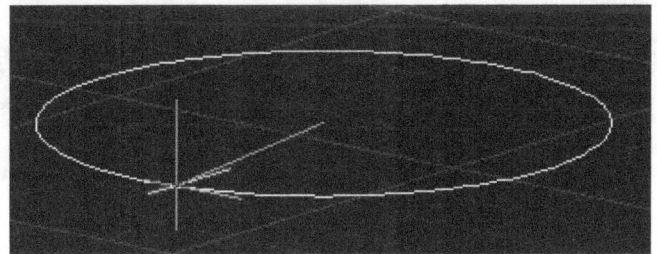

Pic 5,38 Faites glisser la souris du centre vers l'extérieur

4. Insérez le rayon du petit cercle du tube.

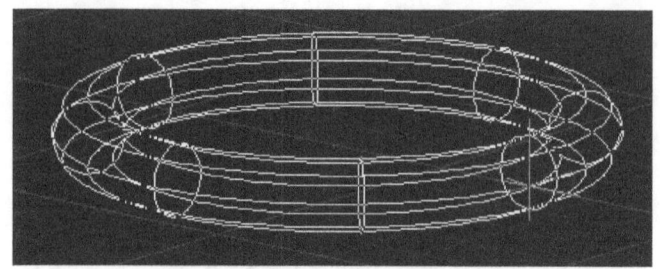

Pic 5,39 Création des tores

5. terminer.

Vous pouvez également faire manuellement tores. Voir les étapes ci-dessous:

1. Répétez les étapes ci-dessus jusqu'à l'étape 2.

2. Choisissez un rayon, le type: 50.

3. Le résultat est un anneau de rayon = 50.

4. Ensuite, spécifier le rayon du tube = dix.

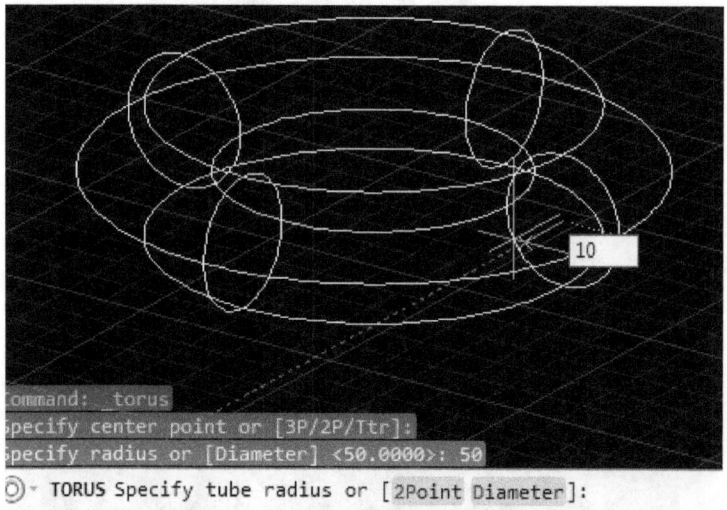

Pic 5,40 Spécifier le rayon du tube

5. Le résultat est un tore = rayon 50 et le rayon 10 = tube.

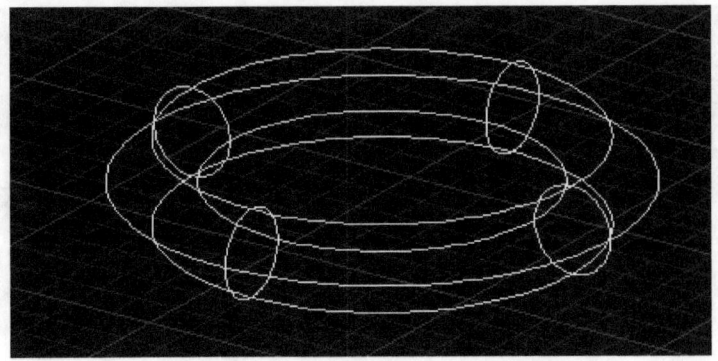

Pic 5,41 Résultat du dessin annulaire

5.2.7 Objet 2D Extruder

Vous pouvez dessiner un objet 3D par extrusion d'un objet 2D. Voir l'exemple ci-dessous:

1. Ouvrez le pic 2d.

2. Cliquez sur le bouton orbite.

3. Faites un clic droit et faites glisser pour changer la vue du 2 pci.

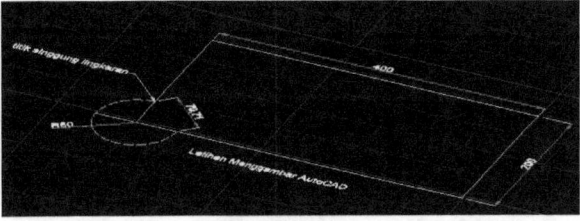

Pic 5,42 pic 2D

4. bouton Clik Extrude comme image ci-dessous:

Pic 5,43 Cliquez sur le bouton Extrude

5. Modifier l'objet youw fourmi à extrudons, et cliquez sur **Entrer**.

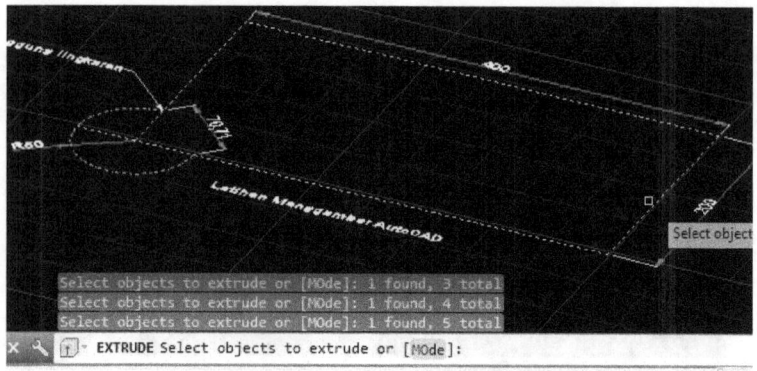

Pic 5,44 Modifier l'objet à extruder

6. Insérez la hauteur, par exemple: 1000.

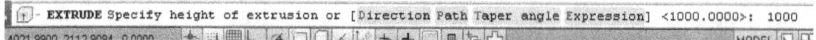

Pic 5,45 Insérer la hauteur

7. Le pic 2d sera la 3D en ce moment, avec hauteur = 1000.

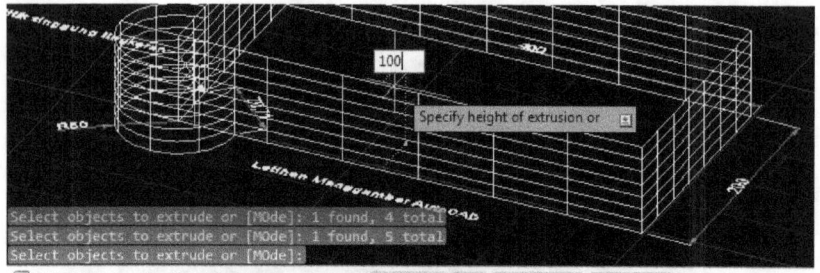

Pic 5,46 Résultat du processus extruder

✓ *Exercice Extruder Feature*

Vous pouvez également vos croquis extruder avec la fonction Extrude. Dessiner un Polygon et définir le nombre d'arêtes à 8. Puis choisi CenterPoint comme centre, et choisir entre circonscrites ou inscrit dans un cercle. Terminer le Polygon et tapez « Extrude ». Sélectionnez la Polygon comme base. Tapez « Mode » suivi de « solide » pour créer un solide objet 3D. Définissez ensuite la hauteur de l'objet. Vous pouvez changer la hauteur en double-cliquant sur l'objet.

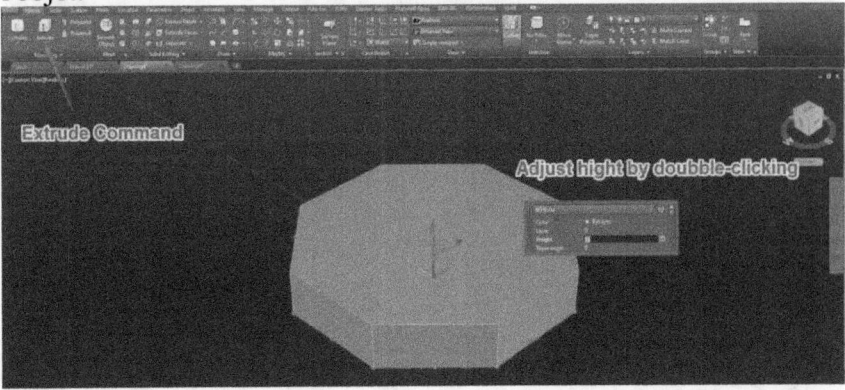

5.2.7 Caractéristiques et chanfreins Fillet

Bords et les coins peuvent être lissés ou chanfreinés facilement. Passez à l'onglet Solide et cliquez sur Fillet Edge. Vous pouvez maintenant sélectionner tous les bords supérieurs du polygone. Pour réduire l'effort sélection de tous les bords manuellement, tapez « boucle ». Ensuite, cliquez sur un bord supérieur. Cliquez sur Suivant pour feuilleter les connexions de bord possibles. Lorsque tous les bords supérieurs sont mis en évidence et cliquez sur Accepter type « Rayon » pour définir la taille du filet. Vous pouvez essayer des valeurs différentes et un aperçu du filet. Cliquez ou tapez à nouveau rayon pour le changer. Appuyez sur Entrée deux fois pour accepter le congé prévisualisé.

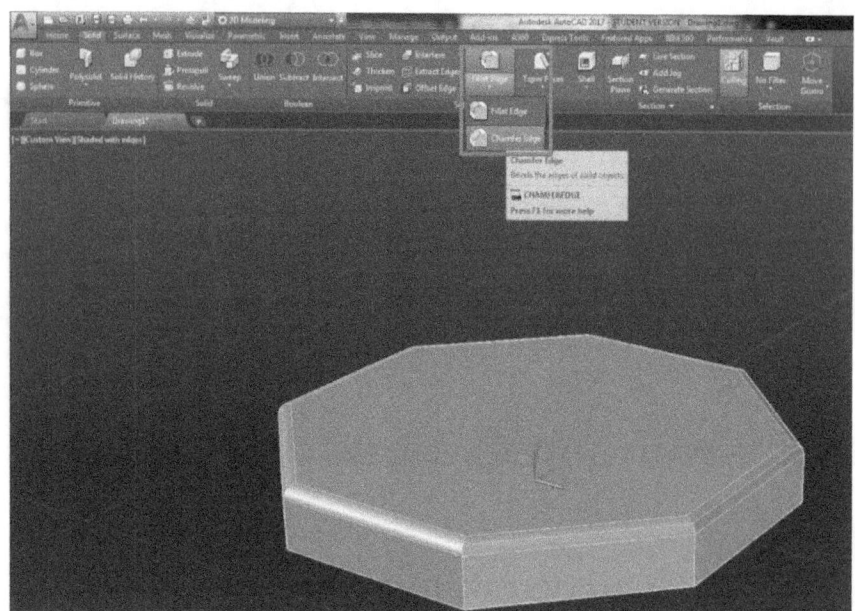

Pic 5,47 et Chanfrein Fillet Feature

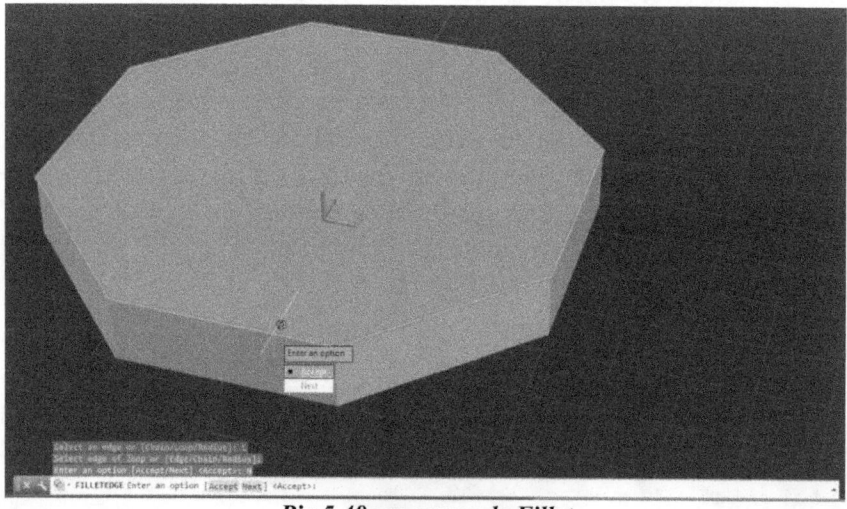

Pic 5,48 processus de Fillet

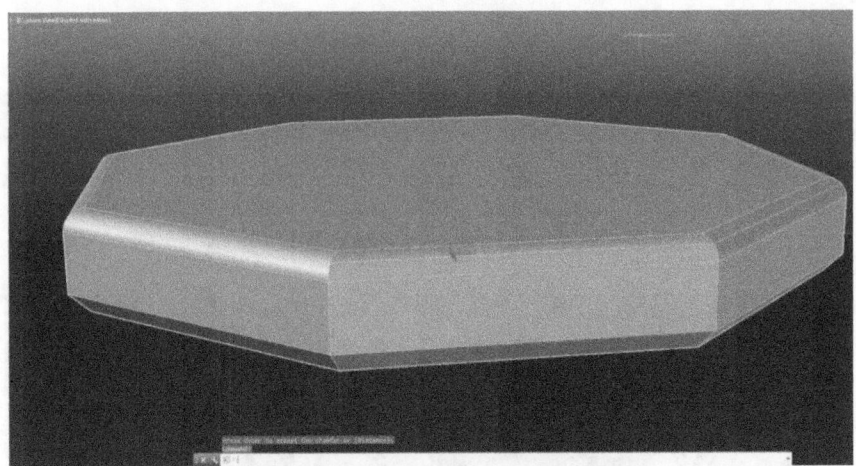

Pic 5,49 Résultat du processus de filet

Maintenant, tournez le polygone autour et sélectionnez avec la flèche sous le filet comportent la fonction de chanfrein. Tapez « boucle et sélectionnez un bord inférieur du polygone. Cliquez sur Suivant jusqu'à ce que le rebord inférieur du polygone est mis en évidence par Accept a suivi. Maintenant, cliquez sur la distance et le type dans la première longueur du chanfrein. Confirmer en appuyant sur entrer et saisir la seconde longueur. Encore une fois, vous pouvez voir un aperçu et appuyez sur Entrée deux fois pour confirmer.

5.2.8 Fusionner, Soustraire, et Intersection objets 3D

Construire une sphère avec le même rayon droit au-dessus d'un cylindre. Maintenant, tapez « Union » et sélectionnez la sphère et le cylindre. Confirmez avec la touche Entrée. Lorsque vous passez la souris sur les deux formes, vous verrez qu'ils sont devenus un objet solide.

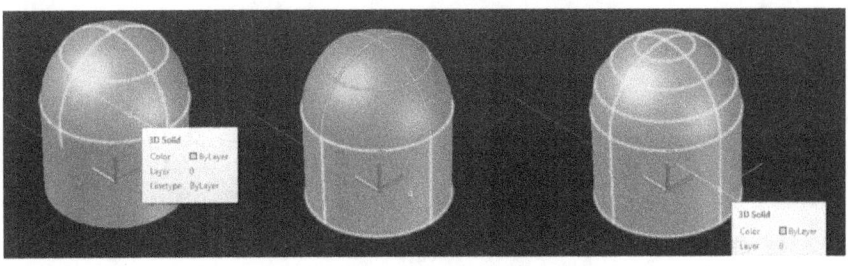

Répétez construire un cylindre et sphère ou utiliser Undo au point avant que vous avez fusionné les deux objets. Maintenant, tapez « Soustraire. » Au début, vous devez sélectionner l'objet à soustraire de. Sélectionnez le cylindre et confirmer. Maintenant, sélectionnez la sphère comme l'objet de soustraire et confirmer.

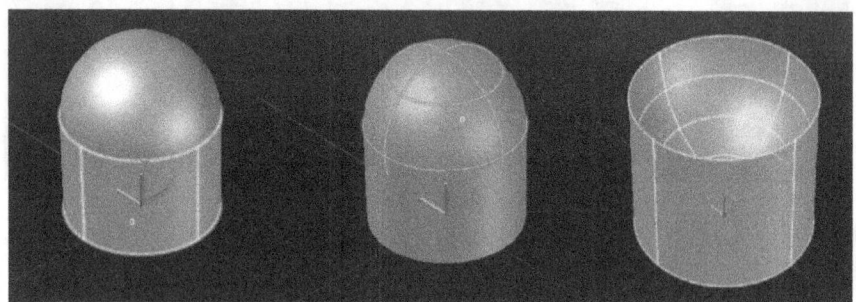

Pic 5,50 Résultat du processus de soustraction

Commencez par la sphère unique et nouveau cylindre. Maintenant, tapez « Intersection », sélectionnez les deux objets et confirmez.

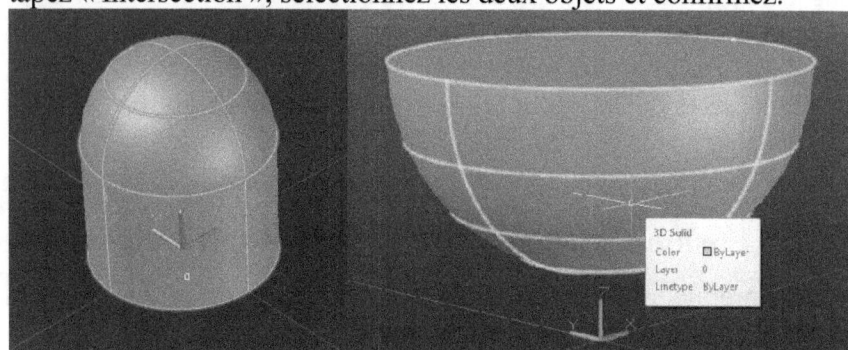

Pic 5,51 Résultat du processus d'Intersection

CHAPTER 6 MESH-FILES DANS AUTOCAD

Si vous voulez imprimer 3D ou partager vos créations avec d'autres personnes, vous voulez probablement créer ou modifier un fichier de maillage comme .stl. Cependant, AutoCAD est pas le logiciel de CAO idéal pour cette question. Il peut exporter vers .STL, mais il ne peut malheureusement pas .stl ouvert ou fichiers OBJ. Il existe cependant des moyens de contourner ce problème.

6.1 Importation .stl et d'autres Mesh-Files

Comme il est indiqué, AutoCAD ne peut pas importer Mesh-Files, mais il peut travailler avec le format normalisé ISO STEP .step et format d'échange de .dxf d'Autodesk. Pour générer ces types de fichiers que vous pouvez utiliser d'autres logiciels AutoCAD comme l'inventeur ou le logiciel libre comme FreeCAD. Vous pouvez également utiliser un moyen rapide et télécharger le .stl à un convertisseur fourni par CAD-Forum et générer un fichier .dxf.

Ouvrez les fichiers .dxf dans AutoCAD en créant d'abord un nouveau dessin. Ensuite, cliquez sur le logo AutoCAD> Ouvrir> Dessin et sélectionnez .dxf comme type de fichier dans l'explorateur de fichiers. Lorsque le modèle est importé, vous pouvez changer le style visuel en tapant VISUALSTYLE.

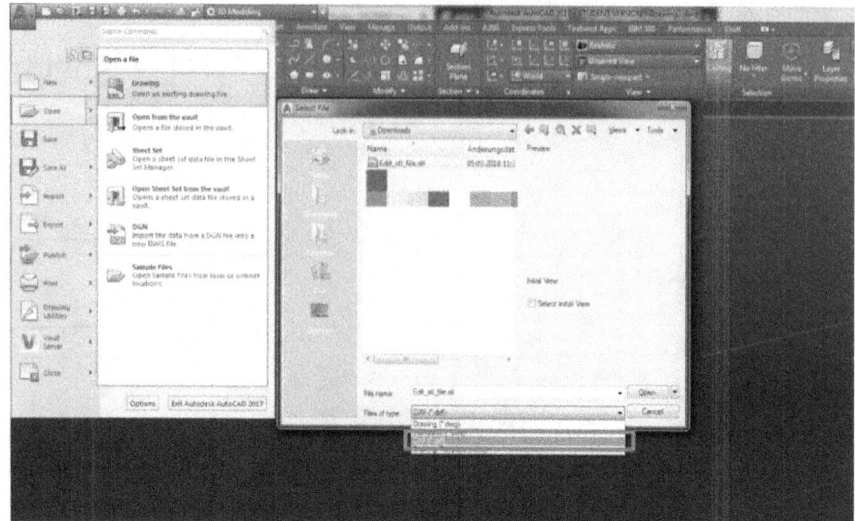

Pic 6.1 processus d'importation de fichier de maillage

Pic 6.2 Résultat du processus de fichier de maillage d'importation

6.2 Export .stl

Heureusement, l'exportation des fichiers .stl est possible avec AutoCAD. Cliquez sur le logo AutoCAD> Exporter> Autres formats de fichiers et sélectionnez .stl comme type de fichier dans le navigateur de fichiers.

CHAPTER 7 CRÉER UNE TECHNIQUE DE DESSIN

Si vous voulez créer un dessin technique du modèle y vous avez créé, AutoCAD est un logiciel pour travailler avec. Au début, vous aurez besoin d'une feuille de modèle pour le dessin technique. Vous pouvez trouver des modèles sur le site AutoCAD gratuitement. Téléchargez le modèle métrique de fabrication. Ouvrez l'objet que vous souhaitez créer un dessin technique. Ensuite, faites un clic droit sur le + dans le coin inférieur gauche et ouvrez le modèle téléchargé. Vous pouvez insérer votre nom, votre projet ou d'autres informations dans le bloc de titre en bas à droite de la feuille en double-cliquant dessus.

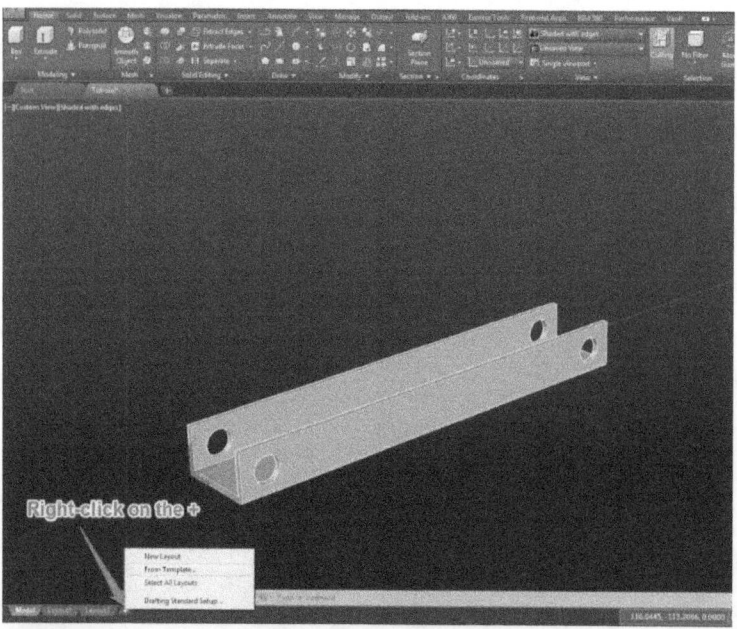

7.1 Vues Insérer modèle

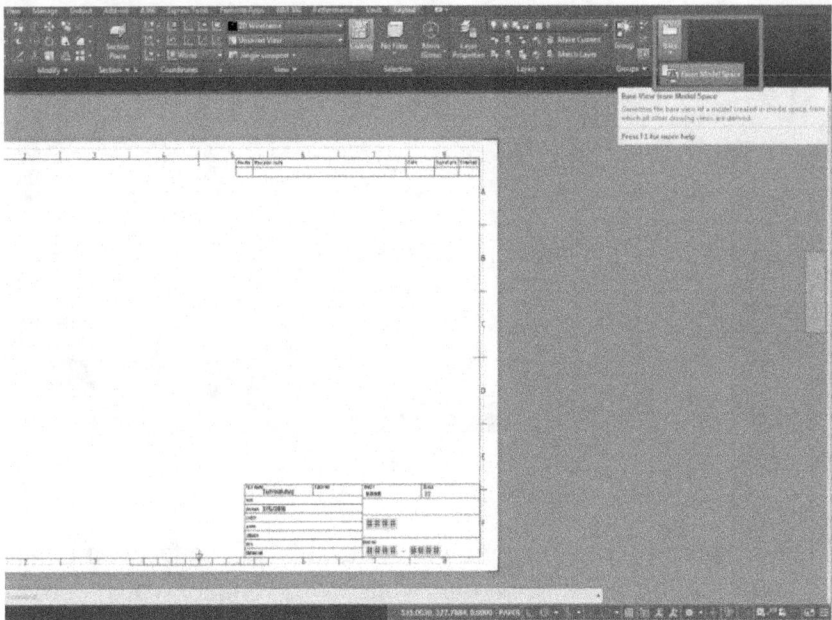

Pic 7.2 Insérer Vues modèle

Une fois que vous êtes dans l'onglet modèle de feuille de dessin, cliquez sur la base> De l'espace modèle.

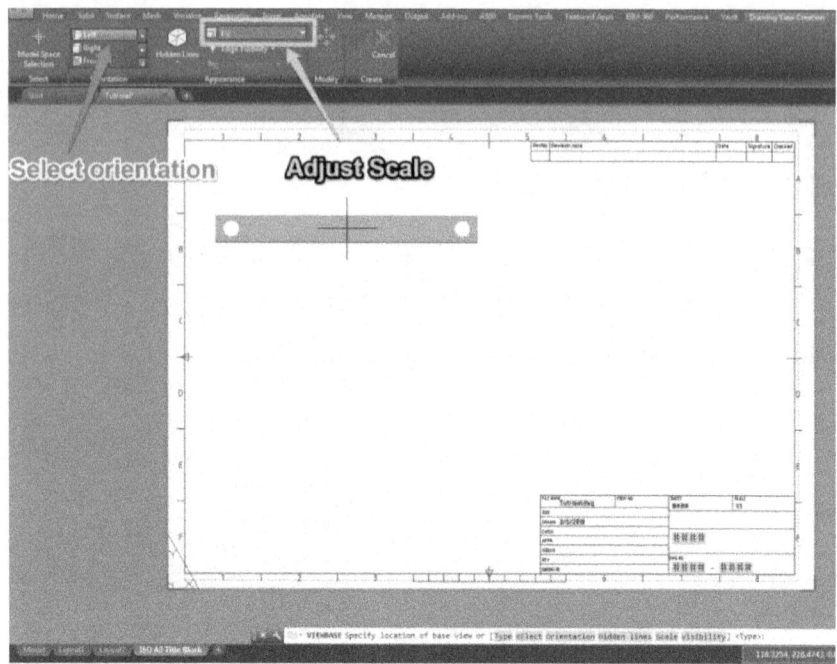

Pic 7.3 Orientation Sélectionnez pour passer à une autre vue

Cliquez pour placer la première vue (qui est la vue de face) au milieu de votre feuille. Une fois que vous avez cliqué, vous pouvez sélectionner l'orientation pour passer à un point de vue différent. Si le modèle est trop grand ou petit, cliquez sur l'échelle et sélectionnez un facteur d'échelle. Cliquez sur Déplacer pour positionner l'objet. Clic gauche à la position désirée à accepter. Vous pouvez maintenant continuer à placer d'autres vues en faisant glisser la souris horizontalement ou verticalement. Clic gauche pour confirmer chaque position. Si vous déplacez l'objet à un angle de 45 °, vous pouvez placer la vue isométrique. Essayez de placer assez vues sur l'objet pour la plupart ou toutes les fonctionnalités peuvent être vus. Si vous sélectionnez un point de vue, vous pouvez le déplacer avec le carré bleu et la taille avec le triangle bleu.

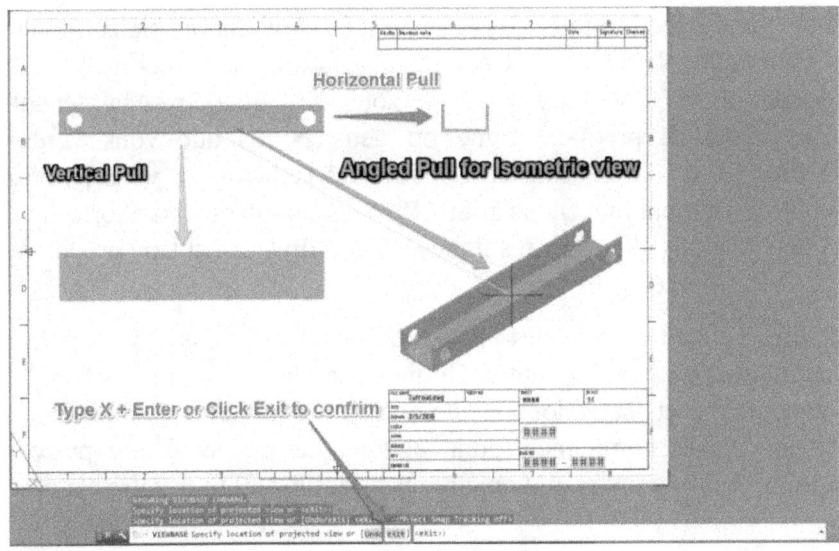

Pic 7.4 Résultat de vues Modèle

7.2 Dimensions place

Lorsque vous placez les dimensions, vous devez suivre trois règles de base:

1. commencer par le plus petit détail

2. Annoter un détail qu'une seule fois

3. Annoter tous les détails

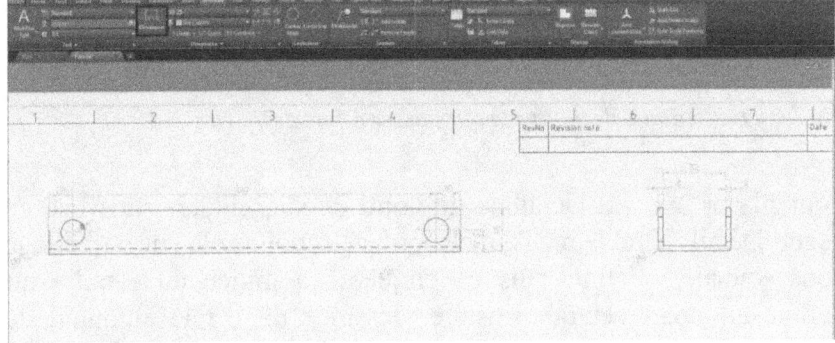

Pic 7.5 Dimension des objets

Pour commencer annoter passez à l'onglet Annotation. Sélectionnez la commande Dimension. Ceci est une commande intelligente qui s'adapte à la fonction que vous souhaitez annoter. Maintenant, sélectionnez la première ligne ou deux points que vous voulez décrire. Vous verrez alors la longueur ou le rayon, et vous pouvez déplacer l'annotation en position. Placez l'annotation, de sorte qu'il n'intercepte pas avec d'autres lignes, des chiffres ou est trop proche de l'objet lui-même.

Si vous souhaitez coter des cercles ou des trous, vous devrez placer une marque de premier centre. Cliquez sur Mark Center dans l'onglet d'annotation et sélectionnez un cercle. Maintenant, utilisez la dimension de commande pour annoter le cercle. Vous pouvez basculer entre le rayon et diamètre en tapant R ou D sur votre clavier.

7.3 Détail et de la section Vue

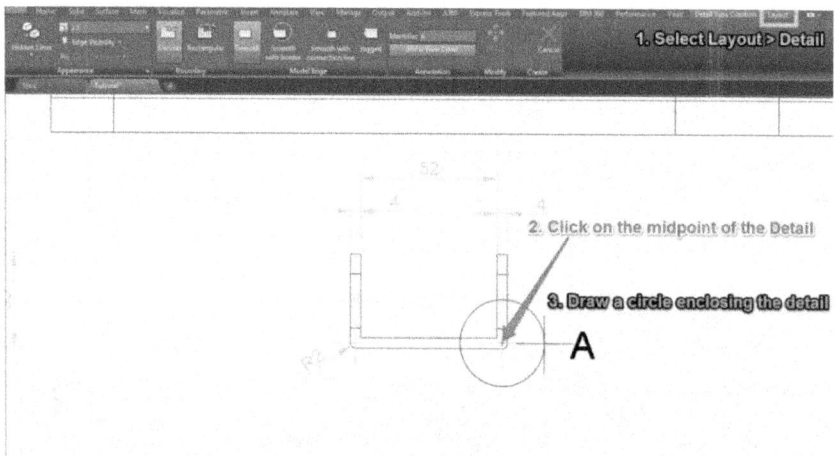

Pic 7.6 Orientation Sélectionnez pour passer à une autre vue

Pour placer une vue détaillée de votre dessin, cliquez sur Mise en page> Détail> circulaire. Tout d'abord, sélectionnez la vue parent que vous souhaitez définir puis en cliquant au milieu du détail pour définir un point central. Ensuite, dessinez un cercle entourant le détail. Placez la vue détaillée à un endroit libre.

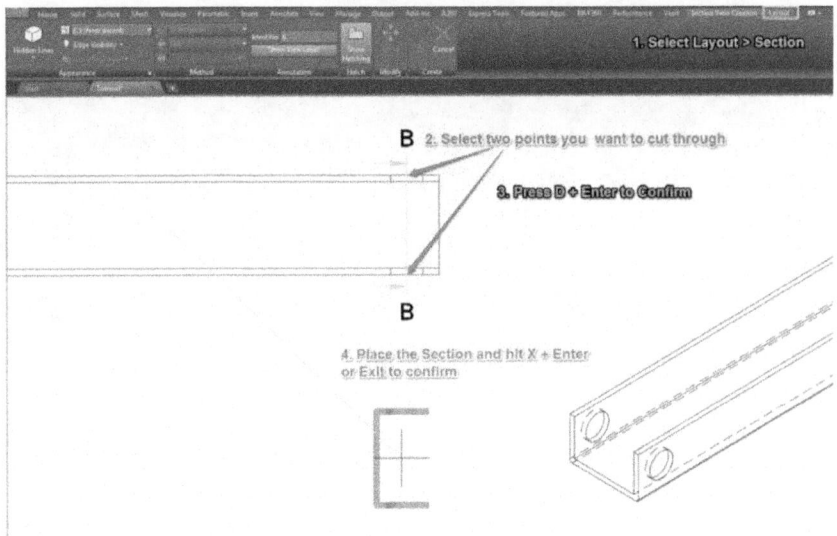

Pic 7.7 Sélectionnez deux points

Si vous voulez regarder à l'intérieur d'un dessin, vous pouvez utiliser la mise en page> Vue en coupe. Sélectionnez la vue que vous souhaitez créer une section de suivi en sélectionnant deux points pour la ligne de coupe. Validez en appuyant sur entrer et placer la vue en coupe à un endroit libre. Vous pouvez également changer le style de la taille et de la ligne par la suite.

Cela nous amène à la fin de notre tutoriel AutoCAD pour les débutants.

AutoCAD est un logiciel puissant de CAO, qui est censé être utilisé pour la conception architecturale et la construction mécanique. Il a l'un des meilleurs et des boîtes à outils propose d'accompagnement des dessins 2D. En ce qui concerne la conception 3D, il est toujours impressionnant, surtout lors du rendu des objets 3D d'une manière réaliste.

Cependant, il est plus facile d'utiliser des programmes 3D. Un inconvénient majeur d'AutoCAD est le support manquant des fichiers de maillage. Vous ne pouvez pas importer ou .stl d'exportation ou obj lorsque vous travaillez avec AutoCAD sans passer par des solutions de contournement. Il y a quelques plugins, mais ils prennent en charge que les fichiers binaires maillage. Pourtant, AutoDesk propose un autre logiciel 3D appelé l'inventeur, qui est excellent pour la création ou la modification des modèles 3D. Vous pouvez y accéder avec votre licence d'étudiant ou l'utiliser avec votre essai gratuit de 3 mois.

***

A PROPOS DE L'AUTEUR

Zico P. Putra est un technicien de niveau supérieur, consultant CAO, auteur, formateur et avec 10 ans d'expérience dans plusieurs domaines de la conception. Il continue son doctorat en Université Queen Mary de Londres. Ali Akbar est un auteur AutoCAD qui a plus de 10 ans d'expérience dans l'architecture et utilise AutoCAD depuis plus de 15 ans. Il a travaillé sur des projets de conception, allant du grand magasin aux systèmes de transport au projet Semarang. Il est l'auteur de best-sellers AutoCAD tous les temps et a été cité comme auteur favori CAD. Pour en savoir plus https://www.amazon.com/Zico-Pratama-Putra/e/B06XDRTM1G/

PUIS-JE DEMANDER UNE FAVEUR?

Si vous avez apprécié ce livre, trouvé utile ou autrement je serais vraiment reconnaissant si vous posterais un bref sur Amazon. Je lis tous les commentaires personnellement pour que je puisse écrire sans cesse ce que les gens veulent.

Si vous souhaitez laisser un commentaire, alors s'il vous plaît visitez le lien ci-dessous:

https://www.amazon.com/dp/B06XS99PKP

Merci pour votre aide!